Joachim Skambraks

Verkaufen heißt Zuhören

Joachim Skambraks

Verkaufen heißt Zuhören

So fragen Sie sich zum Auftrag

Linde international

Bibliografische Information Der Deutschen Bibliothek
Die Deutsche Bibliothek verzeichnet diese Publikation in der Deutschen Nationalbibliografie; detaillierte bibliografische Daten sind im Internet über http://dnb.ddb.de abrufbar.

Herausgeber: Dr. Andreas Lutz
Redaktion: Cornelia Rüping

ISBN 978-3-7093-0242-2

1210 Wien, Scheydgasse 24, Tel.: +43/1/24 630
www.lindeverlag.de
www.lindeverlag.at

Umschlag: buero8
Satz: Hannes Strobl, Satz·Grafik·Design, 2620 Neunkirchen
Druck: Hans Jentzsch & Co. GmbH., 1210 Wien, Scheydgasse 31
1

Inhalt

Vorwort

Liebe Leserin, lieber Leser,

auch Sie haben etwas zu verkaufen? Ein Produkt, eine Dienstleistung oder Ihre freiberufliche Mitarbeit? Betrachten Sie dabei das Verkaufen nur als ein notwendiges Übel und wollen ein paar Tipps, um sich das Berufsleben leichter zu machen?

Oder geht es Ihnen darum, den Absatz Ihres Angebots auf lange Sicht zu fördern? Tun Sie denn aktuell schon etwas für Ihre ständige Weiterbildung im Verkauf, um Ihre Ergebnisse zu verbessern?

Nein? Dann haben Sie sich bestimmt auch noch nicht mit den folgenden Fragen befasst: Können Sie sich neue Blickwinkel auf Ihr Angebot vorstellen, die Sie aktivieren können? Welche Möglichkeiten haben Sie, auch wenn Sie nicht der „geborene Vertretertyp" sind und trotzdem Ihr Angebot anpreisen müssen? Wie reagieren Sie am besten auf die Änderungen der Rahmenbedingungen im Geschäftsleben wie Globalisierung, Internet und aggressivere Verkaufsgespräche?

Gute Antworten hierauf finden Sie, indem Sie

1. die Übungen im Buch bearbeiten,
2. meine Anregungen aufnehmen und
3. ein klein wenig Mut aufbringen und Ihre neugewonnenen Erkenntnisse in der Praxis anwenden.

Sie werden sehen, dass es nicht darum geht, das Verkaufen extra für Sie neu zu erfinden. Vielmehr geht es darum, dass Sie sich die für Sie passende Strategie erarbeiten, um erfolgreicher zu sein. Dabei wünsche ich Ihnen viel Spaß.

Ihr
Joachim Skambraks

Experte für bessere Ergebnisse durch überzeugende
Verkaufsperformance

München, im Februar 2009

1. Über das Verkaufen: alte Vorurteile und eine Annäherung

Wenn sich Selbständige mit dem Thema Verkaufen befassen, stellt sich schnell heraus, dass gegenüber diesem Tun einige Vorbehalte bestehen. Welche Vorurteile Sie getrost vergessen können und was Verkaufen im Arbeitsalltag tatsächlich bedeuten kann, lesen Sie im ersten Kapitel.

Viele von Ihnen lesen dieses Buch sicher nicht, weil sie mit Leib und Seele den Beruf des Verkäufers ergreifen wollen. Aber ohne Verkaufen geht es nicht. Wenn Sie im Kontakt mit Kunden sind, schlüpfen Sie automatisch in die Rolle des Verkäufers – ob Sie wollen oder nicht. Jeder Kundenkontakt, der dem Kunden Informationen über Sie und Ihre Arbeitsweise gibt, ist Verkauf. Der Kommunikationswissenschaftler Paul Watzlawick ist berühmt für seine Aussage: „Man kann nicht nicht kommunizieren." Genauso gilt für jede Art des Kundenkontakts: Sie können nicht nicht verkaufen! Deshalb spreche ich Sie in diesem Buch auch immer wieder gerne als Verkäufer an. Einverstanden?

Als Selbständiger betrachtet man sich oft nicht als Verkäufer der eigenen Dienstleistungen oder Produkte, sondern will sich mit seinem Angebot auf andere Weise beschäftigen. Schließlich sind einem die Leistungen ans Herz gewachsen, und deswegen geht man doch den Weg der Selbständigkeit. Aber mal im Ernst: Verkaufen Sie nicht wesentlich öfter, als Sie denken? Warum aber wehren sich so viele dagegen, Verkäufer zu sein? Das liegt daran, dass der Beruf des Verkäufers im deutschsprachigen Raum einen so schlechten Ruf hat. Er wird irgendwo zwischen Leichengräber und Geldeintreiber angesiedelt. Oft hört man Menschen über Verkäufer auch sagen: „Ja, zum Verkäufer muss man geboren sein. Da gehört Talent dazu." Sind Sie auch dieser Meinung? Dann lassen Sie mich zwei Fragen stellen, die ich Ihnen nicht beantworten werde: Muss man zum Bäcker oder zum Busfahrer geboren sein? Oder kann man diese Berufe lernen?

Doch warum gibt es so viele Vorurteile gegenüber dem seriösen Verkaufen? Vor allem, da heute die altbekannten Zielgruppen ausgedient haben. Die Kunden sind heute besser informiert und zielorientierter, dadurch auch mächtiger. Diese Macht spielen sie in ihrem Einkaufsverhalten aus. Für jeden, der etwas an den Mann oder die Frau bringen will, wird es also höchste Zeit, mit den gängigen Vorurteilen gegenüber dem Verkaufen aufzuräumen, um dem eigenen Erfolg nicht im Weg zu stehen.

Sieben Weisheiten, die Sie getrost ignorieren dürfen

Die Erfolgsrezepte der alten Vertriebshaudegen, die viele der bestehenden Vorurteile begründen, sind längst überholt. Die Kunden heutzutage sind anspruchsvoller. Sie wollen nicht einfach von einer Sache überzeugt oder gar zum Kauf überredet, sondern von kompetenten Verkäufern zur Entscheidung begleitet werden. Hier also eine Hitliste allgemeiner Verkaufsirrtümer.

Nur die Anzahl der Abschlüsse ist wichtig

„Wer schreibt, der bleibt" – haben Sie diesen genialen Satz, der in Vertriebsstrukturen häufig vorkommt, auch schon gehört? Gemeint ist damit, dass allein der abgeschlossene Verkauf zählt. Meistens beinhaltet der Satz eine Drohung und wird als Machtmittel verwendet. Eingeschüchterte Sellies (so werden die armen Verkäufer genannt) sollen damit bei der Stange gehalten werden.

Für Selbständige wie Sie und mich kann dies allerdings keine Geschäftsgrundlage sein. Wir brauchen tragfähige Partnerschaften mit unseren Kunden, die auf Vertrauen basieren. Wenn Sie ausschließlich den Abschluss vor Augen haben, kauft der Kunde einmal und wahrscheinlich nie wieder, weil er sich dabei nicht gut fühlt.

Produktkenntnis ist das Einzige, was zählt

Vor Jahren mag diese Weisheit, dass ein Verkäufer allein aufgrund von Produktkenntnis erfolgreich sein kann, noch gegolten haben. Der Verkäufer selbst hat den Kunden über sein Angebot informiert und ihn von dem damit verbundenen Nutzen überzeugt. Das hat sich stark gewandelt: Auch wenn Ihre Angebotspalette übersichtlich ist, müssen Sie zusätzlich über alles, was mit Ihren Produkten oder Leistungen zusammenhängt, zum Beispiel über den Wettbewerb oder Umweltaspekte, tiefgehendes Wissen vorweisen können. Zwar interessiert sich der Kunde meist nur für einen oder zwei Aspekte eines Angebots, doch heute stehen ihm die unterschiedlichsten Quellen zur Verfügung, bei denen die er sich selbst schlaumachen kann. In vielen Fällen weiß er nach seinen Recherchen mehr über den Gesamtmarkt als die Anbieter, selbst wenn es um Beratungs- und andere Dienstleistungen geht. Am Ende nehmen die Kunden oftmals nur eine hohe Austauschbarkeit der Angebote wahr, die vorhandenen Unterschiede verwischen.

Damit hat das vermeintlich hohe Qualitätsmerkmal der Produktkenntnis als ausschlaggebender Faktor ausgedient. Zwar ist es immer noch wichtig, das eigene Produkt gut zu kennen, doch noch wichtiger ist heute, dass Sie ganz besondere Merkmale und eine klare Zielorientierung hinsichtlich der Erfüllung von Kundenwünschen zeigen. Sicher, in manchen Branchen sind Spezialisten für individuelle Kundenlösungen gefragt. Doch das ist für einen Auftraggeber in der Phase der Auftragsvergabe zunächst nicht das Wichtigste. Er muss zu diesem Zeitpunkt vor allem erkennen können, dass Sie die Aufgaben, die er Ihnen stellt, und die Anforderungen, die er an Sie hat, souverän bewältigen können.

Wer erfolgreich verkaufen will, muss seine Ware anpreisen

Das ist einer der Sätze, den viele Selbständige nicht hören wollen, wenn es um erfolgreiches Verkaufen geht. Verständlich, denn unter „anpreisen" verstehen viele „zureden". So gewinnt man heutzutage sicher keine Kunden. Die bessere Variante besteht darin, den Kunden vom Nutzen eines Angebots zu überzeugen. Außerdem begeben Sie sich mit dieser Einstellung in eine schwache Position, die nicht förderlich ist. Wer nur seinen Kunden zuredet, gerät leicht in Stress und verliert den Überblick über die Gesamtsituation. Möglicherweise kann Ihr Gegenüber unter diesen Umständen einen besseren Leistungsumfang oder einen guten Preisnachlass heraushandeln.

Wenn Sie von Ihren Produkten, Preisen oder Ihrer Marketingstrategie überzeugt sind, können Sie ohne große Umschweife und Zögerlichkeiten mit dem Verkauf starten. Unter diesen Voraussetzungen ist es gar nicht erst nötig, den inneren Schweinehund überwinden zu müssen, denn Sie sind innerlich schon bereit.

Wer verkaufen will, muss immer den Abschluss vor Augen haben

Aufträge wollen wir alle haben, klar. Aber was passiert, wenn das unser einziges Ziel ist und wir mit mentalen Scheuklappen ins Verkaufsgespräch gehen? Ich habe schon viele Verkäufer erlebt, die mich unbedingt zu einem Abschluss bringen wollten. Mit den tollsten rhetorischen Tricks. Jedoch ohne Erfolg.

Wären sie stattdessen mehr auf meine Interessen und Wünsche eingegangen, hätte ich vielleicht gekauft. Genau das hat sich verändert: Heute besteht beim Verkaufen die Herauforderung darin, mit dem Kunden eine gemeinsame Lösung zu finden. Das bedeutet, dass Sie herausfinden müssen, was Ihre Kunden brauchen. Denken Sie also lösungsorientiert, nicht abschlussorientiert. Können Sie sich mit dieser Rolle in Geschäftsbeziehungen eher anfreunden?

Nur wer von einem Produkt überzeugt ist, kann es auch gut verkaufen

Jeder Verkäufer hat nur Produkte, von denen er maximal überzeugt ist. Ein Freelancer verkauft nur Dienstleistungen, die ihm Selbstverwirklichung verschaffen und ihn glücklich machen. Ist das wirklich so? Schauen Sie sich einmal Ihre Umsätze an. Sind das alles Einnahmen aus den Angeboten, die Ihnen besonders am Herzen liegen?

Oft sind die wahren Umsatzbringer ganz andere Tätigkeiten. Das gilt auch für Produkte. Sicher ist es schön, wenn Sie zu Ihren Produkten stehen. Was jedoch wesentlich wichtiger ist: Sie müssen die richtigen Produkte und Angebote für Ihre Kunden haben!

Praxisbeispiel

Die richtigen Produkte im Angebot

Bewiesen hat sich das für mich, als ich einige Jahre lang ein Vertriebsgebiet bearbeitete. Ich war mit Geschenkbüchern, Postkarten, Glückwunschkarten und Kalendern mit kitschigen Fotos und besinnlichen Sprüchen in Buchhandlungen unterwegs. Von diesen Produkten mit der Kernzielgruppe ab 60 war ich inhaltlich nicht überzeugt. Aber: Ich hatte die absolut richtigen Produkte für diese Zielgruppe. Meine Kunden freuten sich, wenn ich zu ihnen kam. Mit dieser Einstellung konnte ich mehrmals den Umsatz meines Verkaufsgebiets um über 20 Prozent steigern.

Zum Verkaufen braucht man Talent

Sicher gibt es Menschen, denen es leichter fällt, andere zu unterhalten oder Kontakte zu knüpfen. Auch mag es in der neueren Forschung zu den psychologischen Grundlagen des Verkaufens Hinweise auf Talent für den Verkauf geben. Doch entscheidend für den Erfolg sind die innere Einstellung und die Vorbereitung. Wenn Sie sich endlich entschlossen haben zu verkaufen – vielleicht auch, weil sich Ihre Einstellung geändert hat –, können sie es tun. Perfektion ist nicht notwendig, um gute Verkaufsergebnisse zu erzielen.

Der talentierte Verkäufer wird leicht zum Überflieger und vergisst, auf seine Kunden und ihre Wünsche einzugehen – er kann ja sowieso schon alles. Dabei übersieht er die wichtigsten Sachen und wird weniger erfolgreich. Das passiert Ihnen nicht, wenn Sie mit Einfühlungsvermögen auf Ihre Kunden zugehen und ihnen gut zuhören.

Verkäufer sind extrovertierte, aggressive Menschen und nerven

Verkäufer sind in den bekannten Persönlichkeitstests immer die „Roten", so lautet die hinlängliche Meinung. Das bedeutet, sie sind extrovertiert, menschenorientiert und reden viel. Oft wirken sie aggressiv und arrogant. Ist das auch Ihre Vorstellung? Und Sie entsprechen ihr nicht, sind aber trotzdem in einem Geschäftsbereich tätig, in dem Sie verkaufen müssen?

In meiner Trainingspraxis lerne ich immer wieder hochgradig introvertierte und dennoch erfolgreiche Verkaufspersönlichkeiten kennen. Was sie erfolgreich macht, ist ihre Gabe zu analysieren und aufgabenorientiert nach Lösungen zu suchen. So mancher IT-Dienstleister hat seinen Beruf sicher nicht gewählt, um Tag für Tag seinen Kunden eine gute Show zu liefern. Er will auch in Ruhe gelassen werden und allein an Lösungen und Programmen arbeiten. Ich versichere Ihnen, dass auch Sie lernen können, mit Ihren Kunden die jeweilige Aufgabenstellung herauszuarbeiten, um dann in Ruhe an den Lösungen zu arbeiten. Na, ist das ein Angebot?

Was ist Verkaufen?

Bestimmt haben Sie einige Ihrer Vorurteile und Eindrücke zum Thema Verkaufen wiedergefunden – und erfahren, was Sie alles nicht zu sein oder zu tun brauchen. Lassen Sie uns nun den Blick darauf richten, was Verkaufen ist und worum es dabei geht. Um dies zu tun, betrachten wir als Erstes den Kunden, als Zweites den Markt und als Drittes die Tätigkeit des Verkaufens an sich.

Wie sich das Kaufverhalten und die Entscheidungsfindung von Kunden ändern

Wir hören tagtäglich, welche Einflussgrößen auf unser Leben einwirken: das Internet, moderne Kommunikationsmöglichkeiten, Globalisierung, (Über-)Informationsgesellschaft. Mit ihnen hat sich auch entscheidend der Prozess zwischen demjenigen, der verkaufen will, und denen, die kaufen, verändert. Der Kunde ist besser informiert, im Verhandeln strategischer geworden und hat durch hohe Marktransparenz letztendlich auch mehr Macht, seine Ziele und Preisvorstellungen durchzusetzen.

Die neuen Herausforderungen im Verkauf

Der Kunde will heute nicht mehr unbedingt beraten werden, sondern wünscht sich, zu den Lösungen seines Problems hin begleitet zu werden. Oft weiß er sogar mehr über das Produkt als der Verkäufer selbst. Wenn ein Kunde also die Möglichkeit nutzt, mit Ihnen zu sprechen, will er auf der persönlichen und emotionalen Ebene angesprochen werden und Sicherheit für seine Entscheidung bekommen. Ansonsten könnte er sich an den „Verkäufer" Internet wenden, der rund um die Uhr verfügbar ist. Doch so manch einer hat die ersten schlechten Erfahrungen mit Internetkäufen gemacht. Genau hier können Sie ansetzen.

Hinzu kommt, dass die Preistransparenz größer ist und stärker verhandelt wird. Ihre Aufgabe ist es, diesem Druck im Verkaufsgespräch souverän zu begegnen, indem Sie durch Ihre Kompetenz überzeugen. Natürlich können Sie auch einmal darüber nachdenken, ob Sie Ihre Dienstleistungen und Produkte im Internet auf passenden Portalen anbieten wollen. Es ist Ihre Entscheidung, ob Sie diese Art der Vermittlung von Geschäften für sich wollen. Meist wird hier aber wesentlich weniger für eine Leistung bezahlt, als wenn Sie nach einem persönlichen Kontakt in Anspruch genommen wird. Das individuelle Eingehen auf die Anforderungen des Kunden und die Sicherheit, die Sie ihm für seine Entscheidung geben, sind Basis für eine gute Beziehung und damit die Grundlagen für die erfolgreiche Zusammenarbeit in Zukunft.

Verkaufen neu definiert

Nun nähern wir uns dem Verkaufen an sich an. Dazu möchte ich Ihnen eine Definition vorschlagen: Verkaufen heißt

- dem Kunden durch ein gutes Gespräch und durch gute Fragetechnik zu helfen,
- das Produkt oder die Dienstleistung zu bekommen, die er braucht, um sich seine Wünsche zu erfüllen, und
- ihm vor, während und nach dem Kauf ein gutes Gefühl zu geben.

Im Sinn dieser Definition ist derjenige, der verkauft, Partner des Kunden – und weit weg von einer Drückermentalität. Durch sein gutes Beziehungsmanagement entwickeln sich langfristige Geschäftsbeziehungen. Besonders wegen des guten Gefühls auch lange nach dem Kauf hebt er sich von jenen Scharlatanen ab, die unseriös verkaufen und einen schnellen Euro machen möchten.

Gut zu wissen

Der Bauch entscheidet mit

Zwischen Magen, Darm und Speiseröhre liegt das sogenannte enterische Nervensystem, das etwa 100 Millionen Nervenzellen umfasst. Der US-Medizinprofessor Michael Gershon hat es „second brain" genannt. Dieses „zweite Gehirn" fühlt, denkt und mischt sich bei Entscheidungen ein. Durch den Vagusnerv ist es wie über eine Standleitung mit dem Gehirn im Kopf verbunden, ständig werden Informationen ausgetauscht. Wie ein Netz umhüllt es die Eingeweide im Bauch. Mit dieser Entdeckung ist selbst für die größten Skeptiker von Bauchentscheidungen der Grund weggefallen, warum sie nicht auch auf ihren Bauch hören sollten.

Wenn das Bauchgehirn an Entscheidungen mitwirkt, benutzt es unter anderem Erinnerungen und Erfahrungen aus der Vergangenheit. Es lernt ständig dazu und ist konditionierbar. Alles, was wir erleben und fühlen, wird gespeichert und in den sogenannten somatischen Markern abgelegt.

Sagt das Bauchgehirn ja, wird Serotonin – das ist ein körpereigener Glücksbotenstoff – ausgeschüttet. Dadurch verbessert sich unsere Stimmung, wir fühlen uns gut und sind entscheidungsfreudiger. Sagt der Bauch hingegen nein zu einer Entscheidung, geht es uns schlecht. Im Magen wird eine Säure produziert, die Magenschleimhäute und Nervenfasern reizt. Wir verspüren Schmerzen oder Übelkeit. Dann ist es an der Zeit, eine Entscheidung noch einmal zu überdenken.

Aus diesem Grund ist es wichtig, dass Ihr Kunde bei seiner Entscheidung ein gutes Gefühl hat. Und so soll es auch bei Folgeaufträgen bleiben.

Für das folgende Interview habe ich einen erfahrenen Unternehmer als Gesprächspartner ausgewählt. Er hat die Chancen auf dem Markt erkannt und seine Geschäftsfelder ausgedehnt. Auch Existenzgründer gehören zu seinen Kunden, die er erfolgreich berät.

Im Gespräch

Peter Strumberger ist seit knappen 20 Jahren Steuerberater. In der Kanzlei seines Vaters, die er 1989 übernommen hat, arbeitet er seit insgesamt 30 Jahren. Die Strumberger-Wieland AG hat 25 Mitarbeiter und bietet klassische Dienstleistung rund um Buchhaltung und Steuern an sowie zunehmend auch Beratung und Trainings zum Thema Unternehmensentwicklung und Werteorientierung im Unternehmen.

Was ist Verkaufen Ihrer Meinung nach?
Mandanten zu begeistern. Das Pflichtprogramm besteht darin, Nutzen zu bieten. Die Kür ist die Begeisterung durch Vertrauen und die Sensibilität für die Herausforderungen des Mandanten. Aus unseren Erkenntnissen bieten wir unseren Kunden Dienstleistung an, die sie sonst so nicht bekommen. Wir verkaufen Beziehungen.

Wie machen Sie das?
Wir arbeiten extrem lösungsorientiert. Das bedeutet: Neben den Angeboten im Steuerbereich beraten und coachen wir unsere Kunden auch zu Themen wie Unternehmensentwicklung und bieten darüber hinaus Plattformen für Unternehmer. Wir kümmern uns um die Ursachen des Erfolgs.

Wie helfen Sie Ihren Kunden, sich zu verkaufen?
Viele kleine Unternehmer sehen sich so: „Ich bin ja eigentlich gut aufgestellt, habe viel Erfahrung und tolle Angebote. Aber: Warum habe ich keine Kunden? Warum kommt keiner zu mir?“ Das kann natürlich heißen, dass ihn keiner wahrnimmt. Doch um herauszufinden, wie ernst es einem Unternehmer mit seinen Absichten ist, stellen wir zunächst einmal folgende Fragen:

- Ist das, was ich anbiete, auch das, was der Kunde wirklich will?
- Habe ich meine Fahnen so weit hochgezogen, dass man mich sieht?
- Bin ich bereit, den Vertriebsgedanken aktiv aufzugreifen?
- Sind genügend Menschen da, die bereit sind, mir genügend Geld für meine Leistung zu bezahlen?

Zu wie viel Prozent Ihrer Tätigkeit sind Sie Verkäufer?
Als Steuerberater bin ich Berater, als Unternehmer bin ich Verkäufer. Ich fühle mich als Unternehmer.

Jetzt mal im Ernst?
Ist mein Ernst.

Welchen Tipp haben Sie für Dienstleister oder Existenzgründer?
Stellen Sie sich immer wieder die Frage: Warum soll der Kunde gerade zu mir kommen? Und denken Sie daran, dass Ihr ganzer Auftritt als Unternehmen und als Person authentisch sein muss. Meine jahrelange Erfahrung hat mir wieder und wieder gezeigt: Ich als Unternehmer spiegle mein Unternehmen wider. Deshalb funktioniert Unternehmensentwicklung nicht ohne Unternehmer-Entwicklung.

2. Gründliche Vorarbeit: von der Person zur Position

Bevor Sie Ihr Angebot professionell verkaufen können, sind noch einige Hausaufgaben zu erledigen. In diesem Kapitel erarbeiten Sie sich die Grundlagen für Ihre Positionierung und eine Markenbildung. Als Ergebnis bekommen Sie eine Menge Inhalte, die Ihnen die erforderliche gute Basis für Verkaufsgespräche mit Ihren Kunden geben. Indem Sie Ihr eigenes Angebot besser kennenlernen, erhalten Sie schlagkräftige Argumente und Stoff für Ihre Fragestrategie.

Wenn Sie als Freiberufler und Einzelkämpfer Ihre Dienstleistung erfolgreich verkaufen wollen, brauchen Sie nicht unbedingt tolle Marketingbudgets. Vielmehr geht es darum, Ihre Positionierung am Markt richtig vorzubereiten sowie Nutzenargumente und Unterscheidungsmerkmale kreativ und bildhaft zu formulieren, damit Sie Ihre Verkaufsgespräche mit Emotion, Empathie und Charisma führen können. Bevor Sie sich mit den Phasen eines Verkaufsgesprächs beschäftigen, ist es daher unbedingt notwendig, zunächst die Inhalte gründlich vorzubereiten. Deswegen werden Sie sich nun ausführlich damit beschäftigen, wie Sie sich von anderen abheben und vielleicht sogar zu einer Marke werden können.

Von Wissen, Wünschen und Werten

Was meinen Sie: Wann wird sich der Herzschlag eines potenziellen Kunden angesichts eines Angebots erhöhen? Wenn Sie ihm Zahlen, Daten und Fakten, vielleicht sogar noch die Nummern Ihrer Patente oder Marken nennen? Oder wenn Sie Bilder und Emotionen ansprechen, die dem Kunden wichtig sind? Alles, was für den Kunden von Bedeutung ist und was ihm hilft, seine Ziele zu verwirklichen, liegt grundsätzlich im emotionalen oder unbewussten Bereich des Menschen. Das bedeutet für die Kommunikation im Verkauf: Sie müssen die emotionale Entscheidungswelt Ihrer Kunden ansprechen. Sicherlich gibt es auch Entscheidungen, die aufgrund rationaler Gründe erfolgen – aber selbst hierbei muss sich der Käufer sicher sein, den richtigen Entschluss gefasst zu haben.

Menschen entscheiden sich aus rationalen und emotionalen Gründen. Nur ein kleiner Teil von Kaufentscheidungen wird unter rationalen oder verstandesmäßigen Gesichtspunkten getroffen. Da spielen Zahlen, Daten und Fakten eine Rolle. Zudem ist hier die sogenannte rationale Rechtfertigung anzusiedeln, die mancher Kunde braucht, um seine emotionale Entscheidung zusätzlich über den Verstand abzusichern. Der weitaus größere Teil der Entscheidungen wird gefühlsmäßig getroffen. Unterbewusste Entschlüsse fallen oft viel schneller, noch bevor der Verstand überhaupt zu arbeiten beginnt.

Daher gilt: Besonders bei der Formulierung von Nutzen sollten Sie zwischen tatsächlichem Bedarf und Vorteil, sprich Wunscherfüllung, unterscheiden. Berücksichtigen Sie von Anfang an die emotionale Ebene Ihrer Kunden. Beispiele:

- Bei einem Auto ist der Bedarf ein Kombi. Der Wunsch dabei ist, die umfangreiche Sportausrüstung bequem einzuladen.
- Türschlösser verschließen nicht nur Türen, sondern sie bieten zudem Sicherheit.
- Kosmetik pflegt zwar die Haut, doch steht sie für den Wunsch nach Schönheit und danach, begehrt zu werden.
- Ein Swimmingpool steht für Erholung und für einen Wertzuwachs der Immobilie.
- Ein Foto braucht man zwar für den Pass, aber auf einer eigenen Homepage soll es Kompetenz und Wert kommunizieren.
- Der Bedarf einer Unternehmensberatung ist die Verbesserung der Prozesse. Dahinter steht der Wunsch nach dem guten Gefühl, Geld und Zeit gespart zu haben.

Machen Sie sich bewusst, dass Kunden nicht Ihre Dienstleistungen oder Produkte kaufen, sondern die Ergebnisse, die sie damit erzielen können. Kunden kaufen nicht die Verfahren, auf die Sie vielleicht so stolz sind, sondern Lösungen. Mit dem, was Ihr Angebot leistet, wollen sie die eigenen Ziele erreichen. Ziele, zu denen Menschen stehen, sind immer emotional verankert.

Mit der Abbildung auf Seite 27 können Sie sich leicht merken, welche Argumente auf die Emotionen eines Kunden wirken. Die Faktoren heißen: Pride, Profit, Pleasure, Peace. Machen Sie sich klar, was Sie in diesen Bereichen zu bieten haben. Wie Sie sehen, steht das Männchen zudem auf zwei Füßen, die Ws gleichen. Diese Ws stehen für Werte. Sie bilden das Fundament Ihres Handelns und auch Ihres Unternehmens. Machen Sie sich Gedanken darüber, wofür Sie und Ihr Angebot stehen. Spannend ist dann, wie Sie Ihre Werte so einsetzen können, dass Ihr Unternehmen davon profitiert. Sprechen Sie mit anderen darüber, noch wird der Austausch über dieses Thema zu selten betrieben.

Lassen Sie uns nun einen genaueren Blick auf den emotionalen Bereich und die einzelnen Bedeutungen der vier Ps in Bezug auf Ihr Unternehmen werfen. Nehmen Sie sich Zeit und denken Sie gründlich darüber nach, was Sie zu bieten haben. Machen Sie sich auch Notizen, auf die Sie dann später wieder zurückgreifen können.

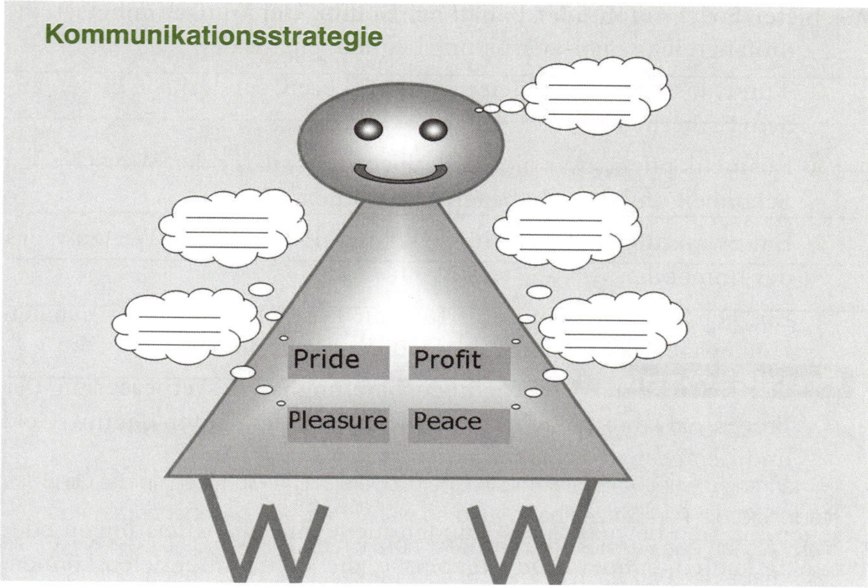

Pride

Bedeutung: Stolz, Image, Ansehen, Bewunderung, Sieg, Branchenführer. Menschen mögen es immer, ihre eigene Persönlichkeit aufzuwerten. Das machen sie, indem sie teure Marken kaufen oder sich in der Gesellschaft von erfolgreichen Personen und Siegern, auch Stars oder Prominente genannt, aufhalten. Und man kauft auch gerne von den Siegern und von den Besten – in der Hoffnung, dass etwas von deren Ruhm auf einen selbst abfällt.

Im Verkaufsgespräch ergeben sich für diese Wünsche unter anderem folgende Ansatzpunkte: Kunden werden gerne von den Besten ihrer Branche beraten. Dass Sie dazugehören, ließe sich beispielsweise vermitteln, indem Sie Erfolgsgeschichten Ihres Unternehmens mit bekannten Kunden erzählen. (Achten Sie aber auf die übliche Diskretion in Ihrer Branche!) Oder Sie verdeutlichen anhand von Beispielen, dass innovative Kunden gerne Pilotprojekte mit Ihnen entwickeln. Andere Kunden wiederum brauchen ausdrucksstarke Referenzen von Ihnen, damit sie in Ihnen einen guten Partner sehen.

Was bieten Sie Ihren Kunden zum Thema Stolz und Anerkennung?

____

____

____

____

____

____

Praxisbeispiel

Fast 200 Prozent Aufschlag fürs Premiumprodukt

Wir fahren zu einer Veranstaltung in einer Nobeldisco in München. In der Großstadt sind die Parkplätze knapp, und so wählen wir den dazugehörigen Parkplatz. Als ich das Fenster herunterlasse, höre ich als Erstes: „3,50 oder 8,50?“ Ich schaue den Parkwächter fragend an. Er erklärt: „Ja, 3,50 normal oder 8,50 direkt am Eingang.“
Der Unterschied ist, dass man etwa 30 Meter zu Fuß gehen muss. Wenn das nicht ein raffinierter Versuch ist, Menschen, die sich für besonders wichtig halten, das Geld aus der Tasche zu ziehen. Manch einer ist tatsächlich bereit, für den 30 Meter kürzeren Fußweg fünf Euro extra zu investieren. Die Betreiber des Parkplatzes haben diese Nische erkannt und machen aus einem normalen Parkplatz ein Premiumprodukt, damit einige Besucher ihr pflegebedürftiges Ego (also den Wunsch Pride) aufwerten können.

Profit

Bedeutung: Geld, Umsatz, Marge, Rendite, Zeit, Marktanteil, Wohlstand. Wie können Sie Ihren Kunden helfen, Geld und Zeit zu sparen oder die Gewinne zu erhöhen? Vielleicht sagen Sie jetzt: „Ist doch klar, hier geht es um Zahlen, die belegt werden können.“ Richtig! Aber trauen Sie Fakten nicht auch erst, wenn sie vom guten Gefühl begleitet sind, das beste Resultat erzielt zu haben?

Genauso geht es Menschen in Verkaufsgesprächen. Sie wünschen sich das Gefühl der Sicherheit, dass sie zum besten Preis eingekauft haben.

Und an diesem Punkt können Sie auch diejenigen für sich einnehmen, die behaupten, nur das Günstigste zu kaufen. Sobald Sie es schaffen, einen Zweifel in Bezug auf den Preis Ihrer Wettbewerber zu säen, haben Sie einen neuen Anlass zum Reden.

Was bieten Sie Ihren Kunden zum Thema Geld, Gewinn und Zeit?

____

____

____

____

____

____

Pleasure

Bedeutung: Spaß, Freude, Vergnügen, Einfachheit, Unkompliziertheit, Genuss. Jeder möchte Spaß und Freude erleben, auch Ihre Kunden. Dies bezieht sich auf verschiedene Dimensionen. Zum einen wünscht sich der Kunde reibungslose Abläufe und grundsätzlich keine Komplikationen bei der Abwicklung eines Kaufs. Zum anderen ist es sehr wichtig, die persönliche Ebene zu berücksichtigen. Die Menschen streben im Umgang mit Ihnen und untereinander nach Spaß und Freude. Also überlegen Sie sich ganz genau, wie Sie dies vermitteln können.

Was, Sie sind kein Witzeerzähler und Spaßvogel? Das muss auch nicht sein. Introvertierte Menschen haben genauso Chancen, anderen eine Freude zu bereiten, nämlich mit Empathie, Wertschätzung oder Interesse für den anderen. Einverstanden?

Also, was bieten Sie Ihren Kunden zum Thema Freude und Spaß?

____

____

____

____

____

____

Tipp
Zur Motivation

- Wie viel Freude haben Sie beim Verkaufen? Oder ist es nur purer Stress und Notwendigkeit?
- Wie viel Freude soll Ihr Kunde mit Ihnen haben? Was führt dazu, dass er mit Freude bei Ihnen einkauft?
- Was unternehmen Sie, um Verkaufen mehr als Spiel zu sehen und Spaß dabei zu haben? Überlegen Sie sich eine Freudestrategie, vielleicht eine mit Belohnungen.

Peace

Bedeutung: Sicherheit, Zufriedenheit, Gesundheit, Entspannung, Ökologie. Sie erreichen nicht jeden Menschen über jedes der vier Ps. Aber jeder springt auf Peace an. Jeder will die Sicherheit, sich richtig entschieden zu haben. Jeder Kunde will sicher sein, dass Sie der richtige Partner sind. Und dafür müssen Sie Beweise liefern. Wie das geht, darüber sprechen wir noch detaillierter.

Behalten Sie bei Ihren Gesprächen im Hinterkopf, dass selbst die Menschen, die immer behaupten, alles ungeplant und spontan zu machen, die Sicherheit brauchen, dass Sie in diesem Moment auch wirklich spontan sind. Wenn Sie individuell auf deren Wünsche eingehen, können Sie dies für sich nutzen. Durch gute Fragen kommen die betreffenden Kunden eben selbst auf die Idee, die Sie verkaufen wollen.
Was bieten Sie Ihren Kunden zum Thema Sicherheit und Entspannung?

____

____

____

____

____

____

Gut zu wissen

Den Kunden im Blick

Das folgende Zitat stammt von Hans Heinrich Path aus dem Kloster Eismar und stammt überraschenderweise aus dem 12. Jahrhundert. Das Gesagte fasst wunderbar zusammen, worauf es ankommt:
„Ein Kunde ist jeweils die wichtigste Person im Betrieb. Er ist nicht von uns abhängig, sondern wir von ihm. Er bedeutet keine Unterbrechung unserer Arbeit, sondern ist ihr Inhalt. Er ist kein Außenseiter des Geschäftes, er ist ein Teil von ihm. Er ist niemand, mit dem man sich streitet. Denn niemand wird jemals einen Streit mit einem Kunden gewinnen. Ein Kunde ist eine Person, die uns ihre Wünsche mitteilt. Unsere Aufgabe ist es, diese zu seiner und unserer vollsten Zufriedenheit auszuführen."

Die Skambraks-Matrix© als Ideengenerator

An dieser Stelle erleben Sie eine Premiere in schriftlicher Form: Aus den Erkenntnissen von Wissen, Wünschen und Werten und den vier Ps habe ich als Beratungstool die Skambraks-Matrix© entwickelt, die sich bereits in vielen Trainings bewährt hat. Hier wird sie erstmals öffentlich vorgestellt.

Skambraks-Matrix©	Pride	Profit	Pleasure	Peace
Wissen				
Wünsche				
Werte				

Setzen Sie diese Matrix als Ideengenerator ein. Mit ihr bekommen Sie die Informationen, die Sie später für Fragen im Verkaufsgespräch, für Prospekte, Ihre Homepage oder Angebote verwenden können. Und so gehen Sie vor: Versuchen Sie alle Bereiche der Matrix auszufüllen. Auch wenn das länger dauert, bemühen Sie sich. Die Arbeit lohnt sich. Überlegen Sie, über welche Argumente und Nutzen Sie im Bereich Wissen verfügen. Dabei handelt es sich um die rationalen Entscheidungsgründe sowie Zahlen, Daten und Fakten zu den vier Ps. Schreiben Sie alles auf, was Ihnen dazu einfällt.

Wechseln Sie anschließend zu den emotionalen Argumenten, den Wünschen und Vorteilen. Bleiben Sie dran und nutzen Sie Ihre Kreativität, um alle vier Felder zu füllen. Was Sie hierzu notieren, kann als Grundlage für Ihre gesamte Unternehmenskommunikation dienen. Je mehr Ihnen hierzu einfällt, desto größer sind Ihre Chancen, möglichst viele unterschiedliche Menschen in Ihrer Zielgruppe anzusprechen. Das liegt daran, dass jeder Mensch auf ein anderes P reagiert und auf unterschiedlichem Weg zum Handeln motiviert wird.

Zum Schluss befassen Sie sich noch mit einem tiefergehenden Thema: Inwieweit haben Sie Ihre Unternehmensphilosophie formuliert und können die einzelnen Werte, für die Sie stehen, in die unterste Zeile der

Tipp

Holen Sie sich Unterstützung

Wenn Sie meinen, allein nicht kreativ genug zu sein, dann lassen Sie sich helfen: von Bekannten oder Menschen aus Ihrem Netzwerk. Die wertvollste Unternehmensberatung bekommen Sie von Ihren (potenziellen) Kunden. Rufen Sie die betreffenden Personen an und sagen Sie: „Guten Tag, lieber Kunde. Wir wollen noch besser werden, und ich habe einige Fragen an Sie: Welche dringenden Probleme oder Herausforderungen stehen gerade bei Ihnen an? Was an meinem Angebot fällt Ihnen besonders auf oder gefällt Ihnen? Warum haben Sie bei mir gekauft?“ Oder: „Warum würden Sie mir einen Auftrag geben?“
Ich habe dieses Fragespiel schon in einigen Unternehmen gemacht. Deren Kunden haben fast ausnahmslos geantwortet und waren sogar erfreut über eine unkonventionelle Marktbefragung – oder sollten wir nicht sogar von Marketingaktion sprechen?

Matrix eintragen? Versuchen Sie auf jeden Fall wenigstens drei Werte zu definieren, über die Sie mit Ihren Kunden sprechen können. Das Thema Wertetransfer kommt heute noch viel zu selten zur Sprache, wenn es um Verkaufen geht. Die Leifrage dabei lautet: Wie können meine Wertvorstellungen meinem Unternehmen nutzen und für klare Vorteile sorgen?

Point of Difference: die Entscheidungstabelle

Damit Sie Ihre Marktposition klar definieren und anschließend in Ihrem Arbeitsleben behaupten können, brauchen Sie eine klare Abgrenzung zu Ihren Wettbewerbern. Hierfür hat der amerikanische Unternehmensberater Bob Bly eine kleine Tabelle entworfen, die ich weiterentwickelt habe.

	☺☺	☺	😐	☹	☹☹
Einzigartig					
Dringend					
Spezialisiert					
Nützlich					

Schätzen Sie sich und Ihr Angebot bei jedem einzelnen Punkt selbst ein. Die zwei lächelnden Smileys stehen für sehr gut, die zwei traurig dreinblickenden für sehr schlecht. Die dazugehörigen Leitfragen lauten:

- Wie sieht meine Situation in meinem Markt aus, wenn es darum geht, einzigartig, Erster oder Bester zu sein?
- Wie ist die Lösung, die ich für meine Kunden und ihr dringendes Problem anbiete?

- Wie ausgeprägt ist meine Position als Spezialist, der einen Expertenstatus erreicht hat?
- Wie nützlich und hilfreich bin ich für meine Kunden?

Checkliste

Sieben Fragen für Spezialisten

Die folgenden Fragen helfen Ihnen dabei, einen Expertenstatus aufzubauen. Schreiben Sie Ihre Antworten detailliert auf und überlegen Sie, welche Konsequenzen diese Anregungen für Ihr Werbematerial und Ihre Homepage haben.

1. Besser muss ich nicht sein. Wie kann ich denn anders sein als meine Mitbewerber?
2. In welchem Bereich kann ich Erster sein?
3. Wenn ich nicht Erster bin: Welches neue Segment kann ich schaffen, um einen bestehenden Markt zu teilen?
4. Prozesse und Verfahren interessieren den Kunden nicht. Welches Grundbedürfnis spreche ich an?
5. Was ist die Bedeutung meines Angebots für den Kunden? Was ist meine Lösung für die Probleme meiner Kunden?
6. Welches ist mein klar begrenztes, kleines Expertengebiet?
7. Wie entwickle ich eine relevante Kommunikation und rede mit anderen über meine Inhalte?

Was ist die Basis des Erfolgs?

Egal, um welche Branche oder welche Unternehmensgröße es geht, die wirklich erfolgreichen Firmen sind immer diejenigen, die es geschafft haben, in einem Bereich ihres Markts die Ersten oder die Besten zu sein. Ein Beispiel dafür ist die Deutsche Telekom. Sie ist zwar nicht bei allen beliebt, aber in verschiedenen Teilmärkten überaus erfolgreich. Sobald es technisch möglich war, DSL anzubieten, ist die Telekom sofort mit TDSL auf den Zug aufgesprungen und hat die Pionierarbeit in Deutschland geleistet. Das waren auch harte Jahre mit Rückschlägen. Aber die Telekom war in Deutschland zuerst da und hat so die anfangs hohen Gewinne mitgenommen. Und sie ist auch heute noch mit über zehn Millionen Kunden in diesem Bereich alleiniger Marktführer.

Lob, Anerkennung und das große Geld gehören immer dem Ersten, nicht den Nachfolgenden. Oder wissen Sie noch, wer als Zweiter den Atlantik im Flugzeug überquerte? Auch für Sie gilt die Erfolgsregel: Nur das Erste oder das Besondere wird von den Kunden wahrgenommen. Einzigartigkeit führt zu einem Wettbewerbsvorsprung, der Ihr Geschäft bis in die Zukunft hinein sichern wird. Sehr oft erreichen solche Firmen die Position als Marktführer, die die Pionierarbeit für ein neues Produkt erbracht haben. Wenn es um derartige Angebote geht, kann das Verkaufen durchaus etwas ambitionierter angegangen werden, als wenn es um bereits eingeführte Produkte geht.

Jeder Anbieter, der neue und innovative Produkte erfolgreich am Markt verkauft, sichert sich seine eigene Geschäftsgrundlage. Das bedeutet: Sie als Unternehmer können die Basis dafür legen, dass Ihr Unternehmen auch in Zukunft die Nase vorn haben wird. Nutzen Sie dazu auch Innovationen und neue Entwicklungen, von denen Sie erfahren oder die Sie selbst erarbeiten. Sammeln Sie unterschiedlichste Ideen und prüfen Sie sie eingehend, bevor Sie sie verwerfen oder sich an die Umsetzung machen.

Im Gespräch

Dr. iur. Oliver C. Storr von der Storr & Storr Rechtsanwaltskanzlei ist Fachanwalt für IT-Recht und Fachanwalt für Sozialrecht. In diesen Bereichen bietet die Kanzlei juristische Beratung insbesondere für Unternehmen und Institutionen, aber auch die Vertretung vor Gerichten an. Rechtsanwalt Dr. Storr ist im fünften Jahr selbständig. In dieser Spezialisierungskombination ist er zurzeit einer von drei Rechtsanwälten in Deutschland.

Was genau ist die Herausforderung bei Ihrer Tätigkeit?

Die Herausforderung ist es, die sachgerechteste und beste Lösung für den Mandanten zu finden. Die beste Lösung ist nicht immer der Rechtsstreit. Bei Firmenberatungen und Projektbegleitungen besteht die Herausforderung darin, mögliche Probleme auszuloten und Risiken abzuschätzen.

Wie gewinnen Sie neue Kunden?
Durch Empfehlungen, Fachvorträge, die Kommunikation der Spezialisierungen, Werbung im Internet und Veröffentlichungen.

Wie sind Sie auf Ihre Spezialisierungen gekommen?
Das persönliche Interesse steht bei der Suche nach Spezialisierungen im Vordergrund. Die Bereiche Internet und Informationstechnologie haben mich schon immer fasziniert. Das Sozialversicherungsrecht ist eine höchst anspruchsvolle Materie, die einem stetigen Wandel unterliegt und fortlaufende Weiterbildung erfordert. Dass diese Kombination eine Nische sein würde, habe ich damals nicht gewusst.

Wie haben Sie herausgefunden, dass es nur drei Anbieter mit Ihrer Spezialisierungskombination gab?
Das wurde mir von einem Mandanten mitgeteilt, der selbst recherchiert hatte. Die zugelassenen Fachanwälte werden ja bei den Rechtsanwaltssuchdiensten und den Rechtsanwaltskammern geführt. Ich selbst habe bisher noch keinen anderen Rechtsanwalt mit dieser Spezialisierungskombination gefunden.

Wie profitieren Sie genau davon? Können Sie ein Beispiel nennen?
Die deutlichste Schnittstelle der beiden Gebiete ist das Datenschutzrecht. Das ist im Internet, aber besonders auch bei den sensiblen Sozialdaten, zum Beispiel in der Kinder- und Jugendhilfe, von enormer Wichtigkeit. Gut, wenn man sich in beiden Bereichen auskennt. Es gibt aber auch sonst viel mehr Schnittstellen, als man denkt. Da wäre der Webdesigner, der in die Künstlersozialversicherung will. Oder eine soziale Einrichtung, die Daten zentral in einem ausgelagerten Rechenzentrum verwalten will und sich Gedanken über die Zulässigkeit der Datenverarbeitung und -weitergabe macht. Auch ein sozialer Leistungsträger hat oder will eine Homepage und fragt sich, was rechtlich zulässig ist, oder wurde vielleicht bereits abgemahnt.

Welche Verkaufsphilosophie haben Sie?
Qualität setzt sich durch. Ein zufriedener Mandant kommt sicherlich wieder. Auf keinen Fall einem Bauern mit einer Milchkuh eine Melkmaschine verkaufen!

Zu wie viel Prozent Ihrer Tätigkeit sind Sie Verkäufer?
Als Rechtsanwalt hört man das Wort „Verkäufer" gar nicht gerne, weil es negativ besetzt ist im Sinne von jemandem etwas andrehen. Wir begreifen uns mehr als Berater und somit Dienstleister. Dennoch „verkaufen" wir dem Mandanten die richtige Strategie, dem Gericht unsere Argumentation und in der Werbung unsere Kompetenzen. In diesem weiten Sinne sind auch Anwälte „Verkäufer". In Prozent lässt sich das aber schwer ausdrücken.

Welchen Tipp haben Sie für Dienstleister oder Existenzgründer?
Finden Sie zuerst Ihre eigenen Stärken und bauen Sie diese aus. Andere nachzuahmen funktioniert meist nicht und wirkt auch nicht echt. Authentizität zahlt sich langfristig mehr aus als kurzfristiges Blenden. Und: Bilden Sie sich in den Bereichen weiter, die nicht zu Ihren Stärken gehören. In umkämpften Branchen ist Spezialisierung die richtige Strategie.

Warum es sich lohnt, der Erste zu sein

Als Erstanbieter eines Produkts oder einer Dienstleistung können Sie die Spielregeln festlegen, nach denen dieses Angebot getestet und dem Kunden schmackhaft gemacht wird. Zudem müssen alle Nachfolger oder Kopien nicht nur Ihren Zeitvorsprung aufholen, sondern sich auch mit dem Spitzenreiter messen lassen. Unternehmer, die als Erster in den Markt eintreten oder Spitzeninnovatoren sind, haben fünf Vorteile:

1. Sie bestimmen das Tempo und setzen die Standards.
2. Sie sind in der Regel Marktführer.
3. Sie haben die wichtigsten Referenzkunden.
4. Sie bekommen die anfangs höheren Gewinne.
5. Durch ihren Erfahrungsvorsprung beherrschen sie den Markt.

Entwickeln Sie Ihre eigene Marke

Sie kennen sicherlich die großen Produkthersteller, die mit hohen Werbebudgets ihren Namen bekannter machen oder den Bekanntheitsgrad zumindest halten wollen. Daneben gibt es auch exotische Erfolgsgeschichten wie die von Red Bull. Noch bevor der sogenannte Energy-Drink in Deutschland erlaubt war oder Werbung dafür gemacht wurde, war er schon zum Kultgetränk aufgestiegen und wurde über die österreichische Grenze eingeführt.

Für Sie als Unternehmer ist die Markenbildung genauso wichtig, auch wenn Ihr Wirkungskreis bestimmt deutlich kleiner ist als beispielsweise der von Red Bull. Es reicht völlig aus, wenn Sie in Ihrer Zielgruppe bekannt sind. Das Wichtige daran: Eine Marke ist immer auch ein Vertrauensanker für Ihre Kunden, da sie transportiert, was Ihr Angebot ausmacht. David Ogilvy, früher Mitinhaber einer berühmten Werbeagentur, sagt sinngemäß: Eine Marke ist des Kunden Idee von einer Dienstleistung oder von einem Produkt. Das bedeutet: Ihre Aufgabe bei der Markenbildung besteht darin, den Kunden Ihre Idee möglichst plastisch und auf eindeutige Weise zu vermitteln.

Vom Mehrwert einer Marke

Alles in allem schaffen Sie durch eine Marke einerseits einen funktionalen, andererseits einen emotionalen Mehrwert. Der funktionale Mehrwert befriedigt den Bedarf beim Kunden, hierzu gehören Markennutzen, Knowhow oder Service. Der emotionale Mehrwert ist für die Erfüllung der Wünsche zuständig. Das wiederum hat mit Werten wie Vertrauen, Erfahrung, individueller Beratung, Image oder Aufwertung der eigenen Person zu tun.

Der funktionale Mehrwert von Red Bull liegt im Effekt, länger wach zu bleiben und leistungsfähiger zu sein. Der emotionale Effekt von Red Bull ist wesentlich stärker: Immer wenn diese rot-blauen Dosen auftauchen, zum Beispiel bei Szeneveranstaltungen, wird damit Freude und Party assoziiert. Die Leute sind alle hip, und ein wenig selbstbewusster Teenie kann sich über sein Getränk in der Disco definieren. Hinzu kommt, dass man auch bei der Wahl seines Getränks nichts falsch macht. Dieses Gefühl ist verbunden mit Peace. Zudem ist die Fernsehwerbung witzig gestaltet, und die Verbindung zur Formel 1 tut ein Übriges für einen starken emotionalen Mehrwert.

Am Beispiel Red Bull haben Sie gesehen, was eine Marke ausmacht. Die einzelnen Bestandteile haben Sie in Bezug auf Ihr Angebot bis hierher schon erarbeitet. Greifen Sie nun auf Ihre Arbeitsblätter zurück, die Ihnen vorliegen sollten, wenn Sie die Übungen aus dem vorherigen Kapitel zu einem früheren Zeitpunkt durchgeführt haben. Nutzen Sie darüber hinaus die folgende Checkliste, um sich darüber klar zu werden, was Ihre eigene Marke ausmachen könnte.

Checkliste

Zur Marke: Positionierung und Kommunikation

Vervollständigen Sie die folgenden Sätze, sicher fallen Ihnen jeweils mehrere Alternativen ein. Formulieren Sie sie schriftlich und nehmen Sie sich dafür reichlich Zeit. Auch hier leisten Sie wieder wertvolle Vorarbeit, die sich bei Ihren Verkaufsgesprächen auszahlen wird.

- Meine Stärken sind …
- Mein Angebot ist unverwechselbar, weil …
- Zu meinen Wunschkunden gehören …
- Mein persönliches Handeln ist bestimmt von …
- Ich lege im Umgang mit Kunden großen Wert auf …
- Im Gegensatz zur Konkurrenz bin ich …

Der Prozess der Markenbildung wird in der Fachsprache als Branding bezeichnet. Dabei soll eine für beide Seiten förderliche und gewinnbringende Beziehung zwischen der Marke und dem Kunden hergestellt werden. Das Ziel ist, dass einerseits der Kunde mit einer bestimmten Marke ein hohes Maß an Qualität und Service verbindet. Andererseits wirkt die Marke selbst derartig anziehend und vertrauenswürdig, dass sie beim Kunden ein gutes Gefühl hervorruft und Loyalität entsteht. Wenn diese beiden Faktoren zusammenspielen, führt das dazu, dass der Kunde bereit ist, für ein bestimmtes Produkt oder eine Dienstleistung einen (deutlich) höheren Preis zu zahlen, als er für ein ähnliches oder gar gleiches Angebot ausgeben würde. Es gibt eine ganze Reihe von Dienstleistern, die sich damit beschäftigen, wie man eine Marke stärker und wertvoller machen kann. Um dieses Ziel zu erreichen, stellen sie einen der beiden Aspekte von Markenbildung in den Vordergrund:

- die Marke von Produkten und Dienstleistungen oder
- die Marke einer bestimmten Persönlichkeit.

!

Tipp

Machen Sie sich zur Marke

Sie bieten keine außergewöhnlichen Dienstleistungen oder Produkte an? Dann konzentrieren Sie sich darauf, durch Ihre eigene persönliche Markenbildung dem Kunden Gründe dafür zu liefern, sich für Ihr Angebot zu entscheiden. Nur wer auffällt, hebt sich von der Masse der Wettbewerber ab.

Was macht Ihre Marke aus?

Sie haben sich entschieden, Ihre Person als Marke zu entwickeln? Dann lassen Sie sich von den folgenden Fragen dazu anregen, Ansatzpunkte zu finden. Manchmal liegt das Besondere in einem Detail, das Ihnen selbst vielleicht ganz selbstverständlich erscheint.

- Wie heben Sie sich hinsichtlich der Kleidung von Ihren Mitbewerbern ab?
- Welches kleine Extra erlauben Sie sich bei Ihrem Auftritt?
- Wie steht es mit Ihrer Pünktlichkeit?
- Wie sprechen Sie den Kunden an? Was ist daran besonders?
- Wie zeigen Sie Ihr Interesse für das Umfeld des Kunden?
- Wie verabschieden Sie sich vom Kunden?
- Welches Auto haben Sie ausgewählt?
- Wie sind Ihre Redegewohnheiten?
- Welches Verhalten oder welche Körpersprache könnte Sie auszeichnen?
- Wie treten Sie auf?
- Welche kleinen Geschenke, Bonbons oder Süßigkeiten haben Sie dabei?
- Wofür sind Sie bekannt oder beliebt?
- Welche Geschichten oder Anekdoten bringen Sie Ihren Kunden als Erlebnis mit?

- Welche geschäftlichen oder privaten Probleme können Sie für Ihre Kunden lösen?
- Wie überreichen Sie dem Kunden als kleines Extra Ihre Handynummer für Notfälle?

Wie schon gesagt, manchmal können ganz kleine Dinge zu einer Besonderheit werden. Ich war zum Beispiel bei meinen Außendiensttterminen immer als der Verkäufer bekannt, der überpünktlich war. Scheinbar eine Seltenheit, die aber positiv beurteilt wurde. Sie bescherte mir immer wieder den Vorzug vor Verkäufern, die zwar keine Termine hatten, aber von wesentlich größeren und für den Kunden wichtigeren Unternehmen kamen.

Einprägsam ist auch die Verabschiedung eines Verkäufers, der am Ende eines Gesprächs immer sagt: „Wenn Sie an Papier denken, dann denken Sie an Jansen, Papier Jansen, und rufen mich einfach an." Und jetzt sind Sie an der Reihe: Welche Maßnahmen werden Sie ergreifen, um aus Ihrer Persönlichkeit eine Marke zu machen?

Tipp
Übertreiben Sie ruhig

Wenn Sie sich nicht nur mit Ihrer Person, sondern auch mit Ihrem Angebot befasst und herausgefunden haben, was das Besondere daran ist: Überzeichnen Sie diese Eigenschaft, wie es ein Karikaturist tun würde. Übertreiben Sie, ein Kern Wahrheit muss dennoch enthalten sein. Beispiele: „Duplo – die wohl längste Praline der Welt" oder „Das erfolgreichste Buch der Welt von Paul Arden".

Wie Sie Kunden in 30 Sekunden gewinnen

An dieser Stelle möchte ich Ihnen den Elevator Pitch, ein „kurzes Verkaufsgespräch im Aufzug", ans Herz legen. Damit Sie erkennen, worum es geht, stellen Sie sich folgende Situation vor: Sie gehen auf eine Messe, um möglicherweise neue Kunden kennenzulernen. Dort besuchen Sie auch einen Vortrag. Sie gehen rechtzeitig in den Saal, setzen sich auf einen freien Stuhl und warten gespannt auf den Vortrag. Inzwischen ist der Raum fast voll, aber neben Ihnen ist noch ein Platz frei. Ganz kurz vor dem Vortrag setzt sich plötzlich Ihr Wunschkunde – Ihr Traumkunde – neben Sie und begrüßt Sie auch noch. Dann stellt er Ihnen eine Frage: „Was machen Sie eigentlich beruflich?“ Nun sind Sie am Zug. Was sagen Sie jetzt? In wenigen Sekunden wird der Vortrag beginnen. Sie haben nur die eine Chance, Ihr Angebot professionell darzustellen, damit sich Ihr Traumkunde nach dem Vortrag noch einmal an Sie wendet.

In einer solchen Situation geht es darum, dass Sie die Kommunikation über Ihr Angebot auf das Wesentliche reduzieren. Das ist eine große Kunst. Schon Johann Wolfgang Goethe schrieb einmal an Friedrich Schiller: „Lieber Schiller, heute schreibe ich Dir einen langen Brief, weil ich für einen kurzen keine Zeit hatte.“ Die zweite Aufgabe ist: Ihre Botschaft muss so emotional und bildhaft sein, damit sie in der Erinnerung bleibt. Der Elevator Pitch dient zum einen dazu, dem Kunden Kompetenz zu zeigen. Zum anderen braucht der Kunde einen Beweis, dass er Ihnen vertrauen kann. Machen Sie sich also mit den wesentlichen Faktoren, die beim Erstellen Ihres eigenen Elevator Pitches zu beachten sind, vertraut und legen Sie los. Damit haben Sie einen guten Schritt auf Ihre Positionierung hin getan.

Richten Sie den Pitch an Ihrem Gesprächspartner aus

Seien Sie zuhörerorientiert und richten Sie Ihre Gestaltung genau auf die Menschen aus, die Ihrem Elevator Pitch zuhören. Was wollen Sie mit Ihrer Kurzpräsentation erreichen? Haben Sie ein klares Bild im Kopf, wen Sie ansprechen wollen.

Sprechen Sie die Interessen des anderen an

Verwenden Sie Bilder und Beispiele, die den anderen interessieren. Wenn Sie wissen, dass der andere vom Golfspiel oder der japanischen Rosenzucht fasziniert ist, können Sie über dieses Gesprächsthema Interesse bei ihm wecken.

Geben Sie Ihrem Gesprächspartner einen Grund, sich an Sie zu erinnern

Erzählen Sie dem anderen, wie Sie oder Ihre Idee sich grundsätzlich von anderen unterscheiden. Woran soll sich Ihr Gesprächspartner erinnern, wenn Sie ihn anrufen? Bauen Sie eine Eigenmarke auf.

Beschreiben Sie nicht Ihre Idee oder Ihr Produkt!

Wenn Naturwissenschaftler ihre technischen Entwicklungen beschreiben, verstehen die anderen oft nur Bahnhof. Auch Ihre Großmutter sollte die Grundzüge Ihres Konzepts verstehen können. Erzählen Sie, was Ihr Angebot für den Kunden kann.

Verwenden Sie den Pinsel der Sprache und malen Sie ein Bild im Kopf des Kunden

Verwenden Sie Bilder, Beispiele und Geschichten. Eine verkürzte oder technokratische Sprache verwirrt Ihren Gesprächspartner. Komplexe Zusammenhänge lassen sich nach gründlicher Überlegung oft einfach darstellen.

Welches Problem wird durch Ihr Angebot/Ihre Idee gelöst?

Was genau kann Ihr Angebot oder Ihre Idee? Welche Eigenschaften hat es oder sie? Welcher spezielle Markt kann damit bedient werden? Was hat der andere davon? Überlegen Sie, wie Sie Ihren Gesprächspartner erfolgreicher machen.

Schließen Sie mit einer Aufforderung

Sagen Sie, was Sie erreichen wollen. Menschen möchten aufgefordert werden, etwas zu tun. Egal ob Sie einen Termin, einen Job oder Unterstützung wollen, sagen Sie es.

Übung macht den Meister

Ein Elevator Pitch ist wie ein Theaterstück. Er braucht sorgfältige Vorbereitung und Übung. Kombinieren Sie Sprache, Stimme und Körpersprache zu einer authentischen Inszenierung. Glaubwürdiges und stimmiges Auftreten sind für den Kunden oft wichtiger als fachliches Wissen – das wird vorausgesetzt!

Erhöhen Sie den Herzschlag Ihrer Zuhörer

Setzen Sie den Elevator Pitch so überzeugend in Szene, dass diese Frage beantwortet wird: Wie kann ich meinen Gesprächspartner ansprechen, um seinen Herzschlag zu erhöhen?

3. Gute Vorbereitung: die Hälfte des Verkaufserfolgs

Zunächst schauen wir uns Ihr Angebot noch einmal an – allerdings unter einem anderen Gesichtspunkt: Gibt es Unterschiede beim Verkauf von Produkten und Dienstleistungen? Und was bedeutet das für Sie? Darüber hinaus erfahren Sie, warum Fragen eine derart zentrale Rolle beim Verkaufen spielen und wie Sie sich gut auf ein Verkaufsgespräch vorbereiten. Zum guten Schluss erhalten Sie einen Überblick über die einzelnen Phasen eines Verkaufsgesprächs.

„Hilfe!“, sagen viele Selbständige – gerade wenn sie Einzelkämpfer sind. „Ich habe nur eine Dienstleistung zu verkaufen und leider kein Produkt, das man anfassen kann. Ich muss mein Angebot immer erklären.“ Vor allem am Anfang ihrer Tätigkeit stehen viele Gründer, Freiberufler oder Freelancer vor der Herausforderung, ihr Angebot so in Worte zu fassen, dass bei ihren potenziellen Kunden Interesse an einer Zusammenarbeit geweckt wird.

Zusätzlich kommt eine besondere Eigenart von uns Menschen zum Vorschein: Verkaufen können wir alles Mögliche, aber wenn wir uns und unsere Fähigkeiten in ein gutes Licht stellen und womöglich auch noch verkaufen sollen, dann werden wir urplötzlich ganz schweigsam. Wir finden auf einmal viele Gründe, den potenziellen Kunden doch nicht anzurufen, oder das Besetztzeichen wird doch noch unser Lieblingsgeräusch am Telefon.

Dienstleistungen und Produkte im Vergleich

Der Unterschied ist einfach: Ein Produkt kann der Kunde anfassen, ausprobieren, verbrauchen oder auch kaputt machen. Eine Dienstleistung hingegen ist erst einmal abstrakt und nicht greifbar. Allerdings können die Auswirkungen einer Dienstleistung sichtbar, messbar oder greifbar sein.

Während es in vergangenen Zeiten vorrangig um Produktion und Produkte ging, wurde durch die gesellschaftlichen und wirtschaftlichen Veränderungen der letzten Jahre eine Lawine von Unternehmensgründungen im Dienstleistungsbereich losgetreten. Auch aufgrund der großen Zahl von Anbietern ist der Verkauf von Dienstleistungen nicht unbedingt einfacher geworden, im Wettbewerb ist man nur einer von vielen. Wer aus der großen Masse nicht deutlich hervorsticht, wird nicht wahrgenommen. Gleichzeitig wird erkennbar, dass am Markt auch immer mehr Blender und Dünnbrettbohrer auftauchen, die dem Kunden alles versprechen und so gut wie nichts halten. Beruhigenderweise verschwinden diese „Anbieter“ oft wieder sehr schnell. Dennoch wird dadurch der Verkauf nicht leichter.

Hinzu kommt, dass große Unternehmen oft nur große Partner beauftragen wollen. Viele Kunden haben in der Vergangenheit schlechte Erfahrungen mit den schon erwähnten Allesversprechern gemacht und scheuen die Zusammenarbeit mit kleinen Dienstleistungsunternehmen oder Einzelkämpfern. Oftmals ist dies ja durchaus berechtigt, denn gerade bei der

IT-Programmierung, beim IT-Consulting oder in der Automobilindustrie werden die Entwicklungszeiten für Software oder Projekte immer kürzer und die versprochene Qualität kann nicht abgeliefert werden. Häufig kommt es dadurch zu monatelangen Verspätungen beim Auftraggeber. Gleichzeitig werden die Lebenszyklen solcher Angebote immer kürzer und auch der Wettbewerb kopiert gute Lösungen immer schneller. Viele junge Dienstleister stehen vor einer weiteren großen Hürde: Kundenunternehmen wollen die Sicherheit haben, dass es ihren Zulieferer auch in drei oder fünf Jahren noch geben wird.

Hinderlich ist auch eine Eigenschaft vieler Manager in großen Unternehmen: Sie sind nur darauf bedacht, ihren eigenen Kopf zu retten. Diese Entscheider trauen sich heutzutage nicht mehr, selbst ein winziges Risiko mit neuen und kleinen Dienstleistern einzugehen. So werden selten Anbieter berücksichtigt, die noch unbekannt oder kurz auf dem Markt sind. Zusätzlich haben große Firmen oft langfristige Verträge mit großen Wettbewerbern abgeschlossen, sodass gar kein Spielraum bleibt. Und schließlich ist auch im Dienstleistungsbereich die Tendenz bereits deutlich erkennbar, dass nicht mehr in Deutschland zugekauft wird, sondern in Osteuropa und sogar Asien.

Doch trotz all dieser Rahmenbedingungen gibt es zurzeit viele kleine Dienstleister und Freiberufler, die äußerst erfolgreich sind und gutes Geld verdienen. Schließlich bringt der Verkauf von Dienstleistungen nicht nur Nachteile, sondern einige gewichtige Vorteile gegenüber dem Verkauf von Produkten mit sich.

Gut zu wissen

Keine klare Trennung

Was heutzutage zu beobachten ist: Das Angebot von Produkten und Dienstleistungen vermischt sich immer mehr. Beispielsweise bietet ein Heizungs- und Thermostathersteller heute nicht allein seine Produkte an, sondern er entwickelt komplexe Klimasysteme für Gebäude. Auch bei ihm wird ein großer Teil des Gewinns durch Service und Wartung erwirtschaftet. Im Gegenzug kreieren Dienstleister aus ihrem Spektrum kundengerechte Pakete, die Namen bekommen und wie Produkte verkauft werden. Auf diese Weise generieren sie zum Beispiel den Verkauf von Upgrades und Folgeaufträge.

Die Vorteile beim Verkauf von Dienstleistungen

Dienstleistungen zu verkaufen ist die Variante mit dem geringeren Risiko. Gerade für Einzelkämpfer ergeben sich merkliche Vorteile gegenüber dem Verkauf von Produkten. Machen Sie sich die folgenden positiven Aspekte, die allerdings zum Teil auch für Verkäufer von Produkten gelten, bewusst und beziehen Sie die Erkenntnisse in Ihre Überlegungen ein.

- Es gibt so gut wie keine Lagerkosten, und Sie arbeiten nicht mit Gütern, die veralten oder verderben.
- Ihre Dienstleistung ist flexibel und damit für jeden Kunden individuell gestaltbar.
- Sie können Zusatzverkäufe durch Service und Informationen, die Sie erst im Projekt beim Kunden bekommen, generieren.
- Ihre Dienstleistung kann nicht ausverkauft sein und sie muss nie nachproduziert werden.
- Sie ist in der Menge flexibel gestaltbar.
- Es gibt kaum eine Dienstleistung, die sich nicht in Form von Modulen verwenden lässt.
- Sie können auf Veränderungen und besondere Nachfragen schnellstens reagieren.
- Obwohl natürlich auch Produktqualität vermittelt werden muss, können Sie sich beim Kundenkontakt auf Service und Freundlichkeit fokussieren.
- Ihre eigene Dienstleistung steht Ihnen immer voll zur Verfügung, Sie sind nicht von Zulieferungen abhängig.
- Mit jeder Zusammenarbeit wächst Ihre Erfahrung, und Sie lernen immer dazu. Dadurch können Sie Ihr eigenes Angebot ständig verbessern und wieder professioneller anbieten.
- Schließlich bekommen Sie durch jeden zufriedenen Kunden wertvolle Referenzen.

Wie Sie aus Ihren Produkten und Dienstleistungen ein greifbares, bildhaftes und nachvollziehbares Angebot machen können, erfahren Sie im weiteren Verlauf dieses Buches.

Gründliche Gesprächsvorbereitung: ein echter Erfolgsfaktor

Wer erfolgreich verkaufen will, hat verschiedenste Aufgaben zu erledigen. Besonders wichtig ist die gründliche Vorbereitung von Verkaufsgesprächen. Erfahrungen aus verschiedenen Branchen zeigen, dass neun von zehn Misserfolgen auf mangelnde Vorarbeit zurückzuführen sind.

Ihre Vorgehensweise unter der Lupe

Machen Sie doch mal eine kleine Übung mit: Was tun Sie, um sich auf ein Verkaufsgespräch vorzubereiten? Schreiben Sie Ihre Gedanken dazu auf ein Blatt Papier. Notieren Sie alles, was Ihnen dazu einfällt.

Und, was steht auf Ihrem Zettel? Oder haben Sie gerade gedacht: „Na, das weiß ich schon, das habe ich im Kopf." Glauben Sie mir, es lohnt sich, tatsächlich einen Block zu nehmen und eine umfangreiche Checkliste für die eigene Vorbereitung zu erstellen. Nehmen Sie das Thema Vorbereitung bitte sehr ernst. Eine gute Voraussicht des Gesprächs ist oft schon die halbe Miete. Wie Sie sich gut vorbereiten, erfahren Sie, wenn Sie die nächsten Kapitel durcharbeiten. Ihre Checkliste können Sie jeweils am Kapitelende erweitern.

!

Tipp

Wie Sie dem inneren Schweinehund Beine machen

Kennen Sie ihn auch, den inneren Schweinehund, der einem manchmal bei der Kundenakquise ins Ohr flüstert? „Ach, heute bist Du eh nicht besonders drauf. Deinen Anruf kannst Du auch morgen erledigen. Das wird heute nix. Morgen ist der Gesprächspartner bestimmt auch besser gelaunt." Damit Sie diesen Eingebungen nicht nachgeben, führen Sie einfach einige unkomplizierte Telefonate – gerne auch private –, bevor es in die Vollen geht. Sie werden spüren, wann die innere Bereitschaft vorhanden ist, doch das geplante Akquisetelefonat zu führen.

Warum Verkaufsperformance und nicht Verkaufsgespräch?

Worum geht es in einem Verkaufsgespräch? Wenn Sie seriös verkaufen wollen, müssen Sie den Kunden mit Argumenten überzeugen. Das ist sicher keine Neuigkeit. Aber lassen Sie uns einmal einen Blick darauf werfen, welche Faktoren die Überzeugung eines Menschen beeinflussen. Zum einen sind da sicherlich alle Eigenschaften Ihres Angebots, die Nutzenargumente, Zahlen und Fakten, die aussagen, wie Ihre Leistung beschaffen ist. Die zweite wichtige Komponente ist Ihr persönlicher Auftritt.

Sie kennen doch bestimmt auch die Menschen, die tolle Inhalte präsentieren, denen Sie aber trotzdem nicht so recht glauben wollen. Man sagt, die versprechen einem das Blaue vom Himmel herunter. Woran könnte das liegen? Vielleicht stört Sie, dass derjenige welche nervös mit den Knöpfen an seiner Jacke spielt. Das vermittelt Nervosität oder Unsicherheit, obwohl er mit der größten Überzeugung spricht. Die Inhalte und die Performance stimmen in einem solchen Fall nicht überein.

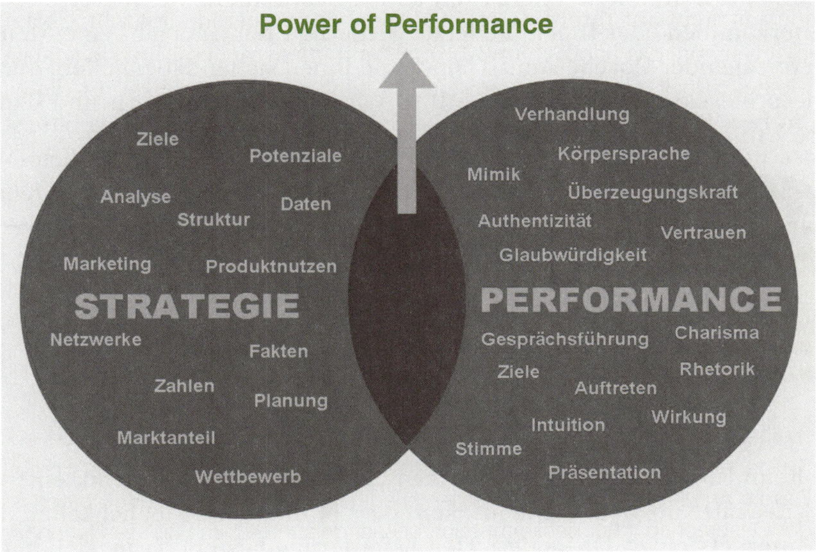

Auch in Ihren Verkaufsgesprächen geht es darum, wie Sie auftreten. Unterstützt Ihre Körpersprache auch Ihre Inhalte, und sind Sie im Gesamtbild glaubwürdig? Die zentrale Frage dabei lautet: Sind Sie authentisch? Mit anderen Worten: Wirken Ihre inhaltlichen Aussagen deckungsgleich mit Ihrer persönlichen Ausstrahlung? Nur wer Inhalte und Auftritt zusammenbringt, wirkt glaubwürdig und bekommt den Auftrag.

Was bedeutet die Grafik auf Seite 51 für Sie, wenn es um Verkaufsgespräche geht? Achten Sie auf der einen Seite darauf, dass Sie die Inhalte Ihrer Kommunikation klar vor sich sehen. Auf de anderen Seite ist es wichtig, dass Sie Ihre Wirkung, also Ihre Körpersprache, kennen und trainieren. Auf dieser Grundlage wird es Ihnen gelingen, beide Bereiche gut vorzubereiten und sie zusammenzubringen. Dann funkt es beim Kunden und Sie bekommen Aufträge.

Wenn Sie sich unsicher über Ihre Wirkung sind, lassen Sie sich ruhig auch von Freunden und Bekannten helfen. Warum nehmen Sie nicht einmal jemanden mit zu einer Präsentation oder einem Verkaufsgespräch – getarnt als Kollege – und lassen sich von ihm hinterher ein konstruktives und ehrliches Feedback geben? Ein anderer Weg besteht darin, dass Sie einen kleinen Trainingsplan aufstellen. Legen Sie fest, wann Sie sich zu einem bestimmten Thema von außen beobachten. Wenn Sie so nicht weiterkommen oder Ihnen die letzte Sicherheit fehlt: Es gibt eine Menge hervorragender Coaches und Trainer, die Ihnen sicher dabei helfen, durch eine professionelle Performance Ihre Wirkung zu verbessern und damit Ihre Umsätze zu erhöhen.

Im Gespräch

Marcus Berthold ist einer der Inhaber der Interprogs : New Media Group. Die Firma produziert Websites und Portale. Alle Serviceleistungen wie Hosting Services, Hardware Service und Individual-Programmierung kommen dabei aus einer Hand.

Was genau ist die Herausforderung bei Ihrer Arbeit?
Beim Kunden Interesse zu wecken. So mancher Kunde meint, eine Visitenkarte im Web reicht aus, statt dass er die vielen Möglichkeiten des Internets nutzt. Die andere Herausforderung besteht darin, sich in die jeweilige Kundenbranche einzuarbeiten, um damit verbundene Besonderheiten berücksichtigen zu können.

Welche Probleme gibt es für Sie, wenn es um den Verkauf geht? Wie haben Sie die gelöst?
Kleine und mittelständische Unternehmen schrecken oft vor den Kosten für ein Internetprojekt zurück und zögern, das nötige Budget zur Verfügung zu stellen. Sie wissen oft nicht, welcher Aufwand dahintersteht. Unsere Lösung ist ein Baukastensystem. Der Kunde sucht sich selbst aus, welche Module er einsetzen möchte, und bestimmt so den Fortschritt seiner Internetpräsenz.

Ein bestimmtes Beispiel?
Ein Kunde wollte ein komplettes Portal haben. Die Kosten waren ihm aber zu hoch. Da haben wir aus dem Gesamtprojekt zwei Bausteine herausgenommen und entsprechend geringere Kosten veranschlagt. Das Thema „zu hoher Preis" war damit vom Tisch, wir bekamen den Auftrag.

Welche Verkaufsphilosophie haben Sie?
Nicht mit Gewalt verkaufen und immer auf Augenhöhe miteinander sprechen, der Kunde soll schließlich mitkommen.

Wie überwinden Sie den inneren Schweinehund bei der Akquise?
Ich versuche, mich mal vom Kopf her auf etwas anderes einzustellen, indem ich irgendwo anrufe und ein angenehmes Gespräch führe. Notfalls suche ich einfach aus den Gelben Seiten ein Unternehmen heraus und rufe dort spaßeshalber an. Wenn ich mich dann lockertelefoniert habe, steige ich in die Akquise ein.

Zu wie viel Prozent Ihrer Tätigkeit sind Sie Verkäufer?
70 Prozent, mit steigender Tendenz.

Welchen Tipp haben Sie für Dienstleister oder Existenzgründer?
Lassen Sie sich von einem Nein nicht zu sehr beeindrucken. „Nein" bedeutet nach Anfangsbuchstaben: „Noch Einige Informationen Nötig." Das heißt, weitere Informationen sammeln und nach einiger Zeit wieder einen neuen Anlauf starten.

Die fünf Phasen des Verkaufsgesprächs

Jedes Gespräch, egal ob Gehaltsverhandlung, Preis-, Konflikt- oder Verkaufsgespräch, läuft nach einer bestimmten Struktur ab. Dabei gibt es je nach Meinung oder Trainer verschiedene aufeinander aufbauende Stufen oder nacheinander ablaufende Schritte. Da die Erfahrung aber zeigt, dass die einzelnen Bestandteile des Verkaufsgesprächs immer wieder ineinanderfließen, unterteile ich den Ablauf eines Verkaufsgesprächs in Phasen, und zwar in fünf Phasen. Es kann öfter vorkommen, dass zwei Gesprächspartner für einen kurzen Zeitraum in eine Phase wechseln, um dann wieder bei einer anderen zu landen. Wie das in der Praxis aussieht, werde ich Ihnen bei den einzelnen Phasen – besonders in Phase vier, wenn es um Einwände und Vorwände geht – näher erläutern.

Die Richtung insgesamt ist aber klar: Das Gespräch läuft als ein Prozess von Anfang bis zum Ende ab und soll zu einem bestimmten Ziel führen. Die Unterteilung in fünf Phasen trägt dazu bei, den Überblick zu behalten, wo Sie sich gerade befinden. Das kann vor allem in stressigen Gesprächen helfen, wenn der Gesprächspartner durch raffinierte Kniffe versucht, Sie mental an die Wand zu drängen. Wenn Sie es schaffen, in einer solchen Situation kurz zu reflektieren, in welcher Phase Sie sich aktuell befinden, ist es leichter, einen Impuls für den nächsten Schritt zu finden. An dieser Stelle präsentiere ich Ihnen die fünf Phasen des Verkaufsgesprächs erst einmal im Schnelldurchlauf. Detaillierte Informationen finden Sie in den nächsten fünf Kapiteln.

Phase eins: Die Basis für eine gute Beziehung bauen

Das Sprichwort vom ersten Eindruck, für den es keine zweite Chance gibt, stimmt meistens. Gerade in den ersten Sekunden, vielleicht auch Minuten, werden die grundsätzlichen Bedingungen für das weitere Gespräch festgelegt. Wenn Sie es schaffen, im Lauf der ersten Phase die Beziehung zu Ihren Kunden positiv zu gestalten, so ist Ihre Chance auf einen Verkaufserfolg samt einem akzeptablen Preis wesentlich höher.

Leitfragen

- Wie begrüße ich meinen Kunden richtig?
- Über welche Themen rede ich in der Warm-up-Phase?
- Was kann ich für einen guten ersten Eindruck tun?

Phase zwei: Den Kunden zum Reden bringen

In dieser Phase geht es vor allem darum, die Interessen – also die Bedürfnisse und Wünsche des Kunden – genau kennenzulernen. Sie werden schnell bemerken, dass Kunden ihre Kaufentscheidungen überwiegend aus emotionalen Gründen treffen. Deshalb ist es Ihre Aufgabe, eine gut ausgeklügelte Fragetechnik anzuwenden, um die Wünsche des Kunden zu erforschen. Dieses Vorgehen bringt Ihnen zwei zusätzliche Vorteile: Sie führen das Gespräch in die Richtung, die Ihnen wichtig ist. Und Sie können sich Formulierungen des Kunden merken, um sie in der nächsten Phase beim Anbieten zu verwenden.

Leitfragen

- Wie ergründe ich den Standpunkt des Kunden?
- Wie komme ich vom Produktmerkmal zum Nutzenversprechen und zur Wunscherfüllung?
- Wie kann ich gutes Zuhören vorteilhaft einsetzen?

Phase drei: Ein wenig Show darf sein

In dieser Phase sind Sie gefordert, ein kleines Stück über Ihren Schatten zu springen. Denn nun ist es an der Zeit, Ihren Kunden eindrücklich zu zeigen, zu welchen Leistungen Sie in der Lage sind. Jetzt dürfen Sie Ihr ganzes Talent als Showmaster hervorholen.

Vermitteln Sie Ihrem Kunden, wie er sich mit Ihren Angeboten seine Wünsche erfüllen kann. Machen Sie ihm zusätzlich klar, warum dies mit Ihrem Angebot noch viel besser funktioniert als mit dem der Wettbewerber. Wenn Sie es alles in allem schaffen, Ihr Angebot unvergleichbar zu machen, muss der Kunde sich neue Kriterien der Entscheidungsfindung überlegen. Dabei können Sie ihm wieder helfen, und die Chancen für eine Auftragsvergabe an Sie steigen.

Leitfragen

- Wie entwickle ich meine Verkaufsperformance?
- Welche Beweise helfen dem Kunden bei seiner Entscheidung?
- Wie lösen Sie Probleme und erfüllen Wünsche?

Phase vier: Was sind Sie dem Kunden wert?

Was kostet das? Diese Frage des Kunden steht meist am Anfang des ersten Spannungsbogens im Verkaufsgespräch. Beantworten Sie sie immer erst dann, wenn Sie alle Vorteile und Nutzen Ihres Angebots beschrieben haben und der Kunde sie alle verstanden hat. Denn wenn Sie noch nichts zum Preis gesagt haben, ist die Chance, den Wert Ihres Angebots in der Vorstellung des Kunden zu steigern, größer. Und dann werden noch einmal Ihr Mut und Ihre Energie getestet: Nachdem Sie Ihren Preis genannt haben, müssen Sie schweigen und die Spannung aushalten, ohne sich zu rechtfertigen. Unterdrücken Sie den Impuls weiterzureden.

Leitfragen

- Was macht meinen Preis aus und wie kann ich ihn nennen?
- Wie kann ich mit Einwänden souverän umgehen?
- Welche Preisstrategien helfen bei den häufigsten Einwänden?

Phase fünf: Nach der Vereinbarung fragen

Eine lange erfreuliche Geschäftsbeziehung beginnt natürlich mit einem Auftrag des Kunden. Deshalb geht es am Ende des Gesprächs nicht um einen Abschluss, sondern um eine gemeinsame Vereinbarung. Wenn Sie nach einem Termin nicht direkt einen Auftrag bekommen, können Sie durch eine gemeinsame Vereinbarung wenigstens ein Hintertürchen für das nächste Mal offenhalten.

Leitfragen

- Welche Vereinbarungen kann ich treffen?
- Wie lasse ich dem Kunden die Wahl?
- Wie frage ich nach dem Auftrag?

Holen Sie den Kunden da ab, wo er steht

Neben der richtigen Fragestrategie gibt es eine weitere Komponente für den Erfolg Ihrer Verkaufsgespräche. Sie müssen wissen, wie weit der Kunde mit seiner Entscheidungsfindung ist, wenn Sie ins Spiel kommen. Idealerweise treten Sie mit dem Kunden in Kontakt, wenn er ein Bedürfnis zum ersten Mal erkennt und Sie reichlich Einfluss auf die Formulierung seiner Wünsche nehmen können. Allerdings wird es in den meisten Fällen eher so sein, dass Sie mit Kunden in Kontakt kommen, bei denen der Entscheidungsprozess schon deutlich weiter fortgeschritten ist.

Entscheidungsprozess des Kunden

Es empfiehlt sich, den Verlauf des Verkaufsgesprächs und Ihre Fragestrategie davon abhängig zu machen, wann Sie zum ersten Mal mit dem Kunden reden. Befindet er sich erst am Anfang seines Entscheidungsprozesses, können Sie noch über seine Wünsche und individuellen Anforderungen diskutieren. Schon dabei können Sie sich mit einer professionellen Fragestrategie als kompetent darstellen und haben vielleicht sogar die Möglichkeit, beim Gesprächspartner Zweifel zu wecken, falls er schon ein anderes Angebot ins Visier genommen hat.

Wenn der Kunde jedoch schon genau weiß, was er möchte, und kurz vor der Auftragsvergabe noch die Sicherheit sucht, den besten Preis zu bekommen, brauchen Sie keine Zeit mehr in die Wunschermittlung zu investieren. Dann müssen Sie gleich in die Preisverhandlung einsteigen, allerdings auf einem hohen Level. Danach erst stellen Sie Ihre Fragen zur Unterscheidung vom Wettbewerb und zeigen dem Kunden, warum es für ihn besser ist, bei Ihnen zu einem höheren Preis zu kaufen. Schließlich hat er ja eine Menge Vorteile …

Um herauszufinden, wo der Kunde gerade steht, setzen Sie wieder das bewährte Mittel der Fragen ein. Hier ein paar Vorschläge dazu:

- Mit wem vergleichen Sie mich? (Danach dürfen Sie gerne fragen, denn der Kunde stellt auf jeden Fall Vergleiche an. Schlimmeres als keine Antwort können Sie nicht bekommen.)
- Wie viele Mitbewerber habe ich?
- Was wissen Sie schon über …? (Ihre Besonderheit, neueste Entwicklung, Ihre Unterscheidung)
- Wie geht es denn weiter mit Ihrer Entscheidungsfindung?
- Wer ist noch in den Entscheidungsprozess eingebunden?

Mit diesen Testfragen finden Sie heraus, wie das Umfeld für Ihr Angebot aussieht und worauf der Kunde im Vergleich achtet.

Im Gespräch

Marlene Kern unterstützt ihre Kunden dabei, ihr Produkt beziehungsweise ihre Information bestmöglich zu verkaufen. Wie sie vorgeht, beschreibt sie so: „Ich entwickle dafür ein Design, das die anzusprechende Zielgruppe aufmerksam und neugierig macht und unwiderstehlich wirkt.“

Wie erreichen Sie das?

Die Zutaten meiner Entwürfe – ungewöhnliche Bildmotive und auffallende Farben – setzen die wahrnehmungspsychologische Erkenntnis um, dass das Gehirn grelle Farben und skurrile Bilder liebt und sich unsere Wahrnehmung gerne von neuen Farb-, Form- und Bildkombinationen überraschen lässt. Heraus kommt ein maßgeschneidertes Image, das Emotionen verkauft. Das ist der Ausgangspunkt jeder neuen Gestaltungsaufgabe, daraus entstehen dann Werbemittel wie Plakat,

Folder, Postkarten, Fahnen, Geschäftsausstattung oder ein Webauftritt, immer öfter auch eine Kombination aus Print und Web.

Wer sind Ihre Kunden?
Zu meinen Auftraggebern gehören Unternehmen aus Kunst und Kultur, aus Wirtschaft und Industrie und staatliche Institutionen.

Was war die Herausforderung in der ersten Zeit nach der Gründung?
Ich bin eine Kreative und war auf der Suche nach einer optimalen Form in der Gestaltung. Ich habe meine Existenzsicherung über alles gestellt, das bedeutete zunächst fünf Jahre lang kein Urlaub und 14 Arbeitsstunden am Tag, auch am Wochenende. Das habe ich gemacht, um frei zu sein von den Abhängigkeiten einer Anstellung und um mich nahe an mir selbst entwickeln zu können.

Welche Verkaufsphilosophie haben Sie?
Meine Kunden kommen mit einer Aufgabe auf mich zu. Um zu einer optimalen, individuellen Gestaltungslösung zu kommen, setze ich mich ernsthaft, intensiv und ehrlich damit auseinander, analysiere die Konkurrenz, sammle Informationen, strukturiere Inhalte, experimentiere mit Bildern, Farben und Formen. Diesen Entwicklungsprozess zu durchlaufen ist mein Weg, zu einem Design zu kommen, das das Produkt optimal an die Zielgruppe kommuniziert und verkauft. Und meine Kunden schätzen das.

Welchen Tipp haben Sie für Dienstleister oder Existenzgründer?
Erfolgreich ist, was Spaß macht. Dazu gehört für mich eine Kultur des respektvollen Umgangs miteinander, das eigene Gefühl ernst zu nehmen und ihm zu folgen. Ich bin verliebt in meine Arbeit. Machen Sie nur Dinge, die Sie gerne machen, wobei Sie Spaß haben, das ist ein echter Erfolgsfaktor. Finden Sie selber heraus, was Ihr Ding ist.

An dieser Stelle soll es reichen mit der Vorbereitung, den Vorüberlegungen und den ersten schnellen Eindrücken. Sie haben viel über Ihr Angebot nachgedacht und wissen, worauf es beim Verkaufsgespräch ankommt. Gehen wir nun in die Praxis, indem ich Ihnen die einzelnen Gesprächsphasen im Detail vorstelle.

4. Phase eins: Die Basis für eine gute Beziehung bauen

Wie in der Formel 1 ein Rennwagen Aufwärmrunden braucht, so muss auch ein gut geführtes Verkaufsgespräch mit einem Warm-up beginnen. Das dient dazu, die Beziehungsebene zu stärken. Damit Sie schon in der Begrüßungsphase die Ampeln auf Grün stellen und dem ersten Eindruck eine gute Chance geben, können Sie einige Vorbereitungen treffen.

Die Basis für ein gutes Verkaufsgespräch mit Aussicht auf einen Auftrag ist das menschliche Fundament. Es gibt nur wenige Auftraggeber oder Einkäufer, die einem Lieferanten einen Auftrag geben, wenn er ihnen persönlich unsympathisch ist. Da muss der Preis schon sehr günstig sein. Sicher werden viele unserer Kunden nicht gleich zu persönlichen Freunden, aber wir haben bereits darüber gesprochen: Der Mensch entscheidet und handelt überwiegend emotional und unbewusst. Es ist nicht nur angenehmer, ein Gespräch in guter Atmosphäre zu führen, sondern es hat einen weiteren ganz entscheidenden Vorteil. Die Verhandlungsführung Ihres Gegenübers – besonders wenn es um den Preis geht – wird nicht so hart sein wie bei einem sehr sachlichen Treffen.

Als Menschen sind wir zudem so veranlagt, dass wir bewundert werden wollen. Darum zeigen Sie Interesse am anderen und loben und bewundern ihn, wenn es angebracht ist. Vielleicht entdecken Sie auch Gemeinsamkeiten im Lebenslauf oder bei bestimmten Interessen.

Wann beginnt das Verkaufsgespräch?

Was meinen Sie: Wann beginnt das Verkaufsgespräch für den Kunden?

____

____

Und die zweite Frage dazu: Wann beginnt denn das Verkaufsgespräch für Sie selbst?

____

____

Nehmen wir einmal an, Sie haben Ihren Kunden zu sich ins Büro eingeladen. Der Kunde hat am Morgen verschlafen. Er musste sich erst einmal durch einen längeren Stau quälen, um in Ihr Büro zu kommen. Die ganze Zeit über hat es in Strömen geregnet, und als er endlich nach 20-minütiger Suche einen Parkplatz gefunden hat, steigt er munter in eine Pfütze. Nun steht er Ihnen gegenüber. Sie begrüßen ihn freundlich und wünschen ihm einen schönen guten Tag.

Machen Sie sich bewusst: Lange bevor Sie Ihrem Kunden persönlich begegnen, laufen eine Vielzahl von Programmen und Geschehnissen ab, die mit Ihnen nichts zu tun haben und die trotzdem unterbewusst mit Ihnen in Verbindung gebracht werden. Da heißt es erst einmal: Geben Sie dem Kunden die Zeit, richtig bei Ihnen anzukommen. Erkundigen Sie sich nach seinem Wohlergehen und stellen Sie ihm einige unverfängliche Fragen.

Das Verkaufsgespräch kann für Sie durchaus schon morgens beim Aufstehen beginnen. Oder wenn Sie sich auf dem Weg zum Arbeitsplatz oder zum Kunden einstimmen auf das, was kommen mag. Neben der sachlichen Vorbereitung ist auch die mentale Einstimmung auf herausfordernde Situationen ein Baustein des Erfolgs. Vorbilder haben Sie täglich vor Augen. Marathonläufer etwa bereiten sich auf ein Rennen vor, indem sie die Strecke in ihrer Vorstellung vorab ablaufen.

Wie Sie schon bei der Begrüßung die Ampeln auf Grün stellen

Bereits die ersten Sekunden der persönlichen Begegnung entscheiden darüber, wie das Gespräch verlaufen wird. Daher möchte ich hier generell einige Gedanken zum gegenseitigen Vorstellen formulieren: Wie begrüßen sich Verkäufer und Kunde, wenn sie sich persönlich noch nicht kennen? Ein Meister der eigenen Vorstellung ist sicherlich James Bond, der seinen Nachnamen grundsätzlich zweimal nennt: „Mein Name ist Bond, James Bond."

So weit müssen Sie nicht gehen. Stellen Sie sich aber auf jeden Fall mit Ihrem Vor- und Nachnamen vor, besonders auch am Telefon. Sagen Sie dabei Ihre Namen langsam und deutlich. Machen Sie zwischen Vorname und Nachname eine kleine Pause, damit Ihr Gesprächspartner sie besser verstehen kann. Man denkt oft nicht daran, schließlich kennt man selbst seinen Namen schon sehr lange. Es folgen vier gute Gründe, den eigenen Vor- und Zunamen zu nennen:

1. Wenn Sie Vornamen und Nachnamen nennen, steigen Sie gleich emotionaler und freundlicher in den Aufbau einer persönlichen Beziehung ein.

2. Unser Gehirn braucht Zeit, um das Signal „Achtung, jetzt kommt ein Name" umzusetzen. Bis es das tut, ist das Gesagte – besonders, wenn es sich um einen kurzen Namen handelt – schon längst wieder verklungen. Zwei bis drei Zehntelsekunden vergehen, bis ein Name verstanden wird. Wenn Sie auch Ihren Vornamen nennen, ist daher die Chance größer, dass Ihr Nachname auf jeden Fall verstanden wird.

3. Dadurch, dass Sie Ihren Vornamen aussprechen, erhöht sich die Chance, dass Sie von einer fremden Person wenigstens den Nachnamen genannt bekommen. Und den brauchen Sie. Es zeugt von Respekt, einen potenziellen Kunden ab und zu mit dem Namen anzusprechen.
4. Bei größeren Unternehmen vermeiden Sie durch Nennung Ihres Vornamens zudem die Verwechslungsgefahr, falls es eine Person mit gleichem Nachnamen gibt.

Gut zu wissen

Der berühmte erste Eindruck

Wer kann schneller entscheiden, unser rationales Gehirn oder die Intuition? Ob ein anderer Mensch auf uns attraktiv, vertrauenswürdig, kompetent oder freundlich wirkt, entscheiden wir unbewusst beim ersten Blick. Das Gegenüber muss noch nicht einmal etwas gesagt haben oder sich überhaupt darüber bewusst sein, dass wir es wahrgenommen haben.
Hinlänglich herrscht die Meinung vor, dass es etwa drei bis fünf Sekunden dauert, bis der erste Eindruck bei uns entstanden ist. Psychologen der Princeton-Universität zeigten Versuchspersonen Porträts von fremden Menschen. Bereits 100 Millisekunden – also eine Zehntelsekunde – reichten aus, dass sich die Betreffenden eine nachhaltige Meinung über einen anderen Menschen bildeten. Innerhalb eines Wimpernschlags war das Urteil gefällt. Als die Gesichter ohne Zeitlimit betrachtet wurden, änderte sich kaum etwas an den Urteilen.

Die Begrüßung eines Menschen ist eine wunderbare Gelegenheit, etwas darüber zu erfahren, wie das Gespräch verlaufen könnte. Intuitive Eindrücke erfassen die Gesamtsituation. Damit bewusst umzugehen lässt sich üben, mit etwas Erfahrung werden Sie solche Informationen als wertvolle Hilfe in Verkaufsgesprächen nutzen können. Achten Sie doch einmal darauf, welche Eindrücke Sie bekommen, wenn Sie im Alltag jemanden begrüßen und sich dabei die Hände reichen. Was spüren Sie? (Ich meine nicht nur den Händedruck!) Was fällt Ihnen ein? Wie nehmen Sie den anderen Menschen wahr? Wie stark ist der andere? Was plant er? Was denkt er? Welche Bilder gehen Ihnen durch den Kopf? Welche Aussage können Sie daraus folgern?

Lassen Sie sich auf dieses Vorgehen ein. Mit der Zeit werden Sie lernen, intuitive Informationen und Handlungsimpulse von Urteilen oder Vorurteilen zu unterscheiden. Wichtig ist dabei, das eigene Wahrnehmungsvermögen zu entwickeln: Lernen Sie zu beobachten, ohne zu werten. Schauen Sie sich selbst dabei bewusst zu und stellen Sie fest, wie wir Menschen immer wieder versuchen, sofort Urteile zu fällen.

Wenn Sie Eindrücke und Ideen gesammelt haben, überlegen Sie, wie Sie diese Informationen für den Fortgang des Gesprächs verwenden können. Beispielsweise könnte Ihnen gleich zu Beginn der Gedanke in den Kopf schießen: „Sei vorsichtig!" Dann sollten Sie besonders darauf achten, welche Strategie der Gesprächspartner anwendet. Oder: Sie stellen fest, dass der Gesprächspartner Sie bei der Begrüßung gar nicht ansieht. Dann werden Sie sehr viel Aufwand investieren müssen, um überhaupt die Aufmerksamkeit des anderen zu bekommen – wenn Sie das noch wollen. Solche Menschen sind, wie die Erfahrung zeigt, oft schon als Geschäftspartner verloren.

Praxisbeispiel

Intuitiven Impulsen folgen

Als ich im Foyer eines großen Mobilfunkanbieters saß, weil ich ein wenig zu früh zum vereinbarten Präsentationstermin gekommen war, beobachtete ich die Mitarbeiter, die durch die Eingangshalle liefen. Zuerst konnte ich mein Gefühl nicht greifen. Das Ganze passierte am späten Nachmittag, und die ersten Mitarbeiter gingen nach Hause. Mir fiel auf: Ihre ernsten Gesichter und ihr etwas gedrückter Gang veränderten sich mit jedem Schritt, mit dem sie sich dem Ausgang näherten. Sie schauten freundlicher und bewegten sich freier. Bei einigen Mitarbeitern erschien sogar ein leichtes Lächeln auf den Lippen, als sich die Tür auftat und sie in die Freiheit traten. Spätestens jetzt hätte ich meinem intuitiven Impuls folgen und einfach gehen sollen, weil mir eine solche Unternehmenskultur nicht passt. Das Gespräch fand statt, und den Auftrag habe ich (glücklicherweise) nicht erhalten …

Haben Sie das im privaten Bereich ein wenig trainiert und fühlen sich damit sicher, können Sie bei Mitarbeitergesprächen oder Verkaufsgesprächen genauso vorgehen. Übrigens: Wenn Sie sich damit beschäftigen, sich in andere Menschen einzufühlen, kann es nur positive Aspekte zur Folge haben.

Sobald Sie einen Menschen besser verstehen, wird Ihre Kommunikation auf einer verständnisvolleren Ebene stattfinden. Und Sie werden wissen, wann Sie bei einem Gegenüber nicht weiterkommen. Unsere intuitiven Eingebungen sind gerade in Verkaufsgesprächen ein sehr wertvoller Ratgeber. Wie gut diese Informationen sind und wie wichtig es ist, auf das eigene Gefühl zu hören, zeigt folgendes Beispiel.

Zeigen Sie Interesse an Ihrem Gesprächspartner

Immer wieder ist zu hören, dass man sich als Verkäufer besonders für den Kunden und seine Vorlieben interessieren soll. Sicher haben Sie auch schon gehört, dass man als Aufhänger dafür einen Gegenstand im Büro des Gesprächspartners nehmen kann. Die krampfhafte Suche nach besonderen Dingen kann durchaus Erfolg haben. Wenn allerdings das Lob über das schöne Originalbild zu stark ausfällt (und Sie in Wirklichkeit diese Art von Kunst für das Letzte halten), wird der Gesprächspartner vielleicht auf ganz andere Gedanken kommen: „Will der mich mit billigen und eingeübten Komplimenten gefügig machen?“

Versuchen Sie authentisch zu sein und das, was Sie sagen, mit dem, wie Sie es sagen, in Übereinstimmung zu bringen. Achten Sie dazu vor allem am Anfang des Gesprächs auf die körpersprachlichen Signale, die Sie aussenden. Alles, was geschlossen oder verschlossen wirkt, schafft keine Sympathie und verhindert den persönlichen Kontakt. Geschlossene Hände oder Hände auf dem Rücken und in der Hosentasche führen dazu, dass sich der andere ebenfalls verschließt. Immer dann, wenn der andere Ihre Handinnenflächen sehen kann, wirken Sie offen. Wenden Sie sich dem anderen mit dem Oberkörper zu und zeigen Sie ihm nicht die berühmte kalte Schulter.

Wie viel Warm-up ist sinnvoll?

In vielen Gesprächen ist zu beobachten, dass beide Beteiligten wissen, dass eine Aufwärmphase nötig ist. Sie sollte aber auf keinen Fall zu lange dauern. Macht Ihr Gegenüber eine Andeutung oder drückt seine Körpersprache Ungeduld aus, sollten Sie zum Thema kommen. Sie können dann elegant überleiten: „Schön, dass Sie sich heute die Zeit genommen haben.“

Eine Frage, die sich gut daran anschließt, lautet: „Wie viel Zeit haben Sie für das Gespräch eingeplant?“ Nichts ist ärgerlicher als ein gutes Verkaufsgespräch, das mittendrin, vielleicht kurz vor dem Abschluss, überraschend beendet werden muss. Mit dieser Frage drücken Sie zudem Respekt gegenüber dem Zeitmanagement des Kunden aus. Eine Anregung von mir: Wenn Sie einen Termin vereinbaren, stapeln Sie auch einmal tief. Kündigen Sie ein Gespräch von 30 oder 45 Minuten an. Die Erfahrung zeigt: Ist der andere erst einmal interessiert und emotional involviert, hat er später doch noch etwas Zeit übrig.

Leiten Sie dann das Gespräch endgültig in die nächste Phase über: „Vielen Dank für die freundliche Begrüßung. Wir haben uns für heute ja ein Thema vorgenommen. Vorab, damit ich ein besseres Bild bekomme: Was sind Ihre Ziele für unser Gespräch?“

Gut zu wissen

Welche Themen sind beim Warm-up geeignet?

Sie dürfen sprechen über: Urlaub, und zwar den des Kunden, das Hobby des Kunden, die allgemeine Wetterlage, neueste Theater- und Opernereignisse, Kinofilme, über Familie und Kinder des Kunden, soweit Sie wissen, dass es dort keine ernsthaften Probleme oder Krankheiten gibt. Falls Ihnen bekannt ist, dass es heikle Punkte im Familienleben gibt, dann sprechen Sie dieses Thema nur an, wenn Sie schon eine sehr gute Beziehung zum Kunden haben.
Darüber sollten Sie nicht mit dem Kunden sprechen: Reden Sie nicht indiskret oder intim über die eigenen Familienverhältnisse oder über die des Kunden. Politische Themen, besonders wenn sie in die Parteienpolitik gehören, sollten ebenso vermieden werden wie Allgemeinplätze, Kalauer, falsches Lob oder Banalitäten. Außerdem dürfen Sie den Redeanteil, in dem Sie von sich selbst reden, drastisch verkürzen.

Sie vermissen das Thema Smalltalk beim Warm-up? Manche Verkaufsexperten meinen, dass Smalltalk – damit ist das Reden über belanglose Themen gemeint, das vermeintlich nur Zeit kostet – heute vom Kunden nicht mehr gewünscht ist. Die Begründung lautet: Es wird unterbewusst im Bruchteil von Sekunden ein Matchcode aufgebaut und ein Kompetenzcheck durchlaufen. Deshalb sei Smalltalk verschwendete Zeit. Meine Meinung dazu ist: Wer im Gespräch krampfhaft nach Gemeinsamkeiten sucht, der wirkt auch verkrampft. Natürlich kann es auch gut laufen und beim ersten Gespräch ergeben sich ganz einfach Gemeinsamkeiten. Auf dieser Basis können Sie und Ihr Kunde eine authentische Beziehung aufbauen.

Der persönliche Faktor spielt auch noch auf anderer Ebene eine Rolle: Jeder Kunde hat ein anderes Bedürfnis nach Nähe zu einem Lieferanten oder Dienstleister. Manche erteilen keinen Auftrag, bevor sie nicht ihr Herz ausgeschüttet und ihrem Gegenüber all ihre privaten Nöte und Sorgen erzählt haben. Achten Sie genau darauf, wie weit Ihr Kunde gehen will. Oft hat schon derjenige den Auftrag bekommen, der besser zugehört und sich um den Kunden gekümmert hat – nicht der fachlich bessere.

Ein Wort zum Thema Kleidung und Erscheinungsbild

Sicher, Äußerlichkeiten sind nicht das Wichtigste, doch jeder von uns empfängt – wenn auch oft unbewusst – über das Erscheinungsbild seines Gegenübers Signale. Daher werde ich oft gefragt, welche Kleidung denn die richtige für den Verkauf ist. Eine Standardantwort auf diese Frage gibt es nicht. Meine Empfehlung lautet: Machen Sie etwas aus sich! Achten Sie auf Authentizität und Angemessenheit und unterstreichen Sie Ihren Typ. Stimmen Sie Ihre Kleidung auf Ihre Zielgruppe und Ihre Branche ab. Stehen Sie zum Beispiel als IT-Anbieter oft in Kontakt mit Banken und Versicherungen, lohnt es sich durchaus, auf ein allzu legeres Outfit zu verzichten und einen Kompromiss zwischen locker und eher seriös einzugehen.

Im Gespräch

Sabine Schwind von Egelstein gilt als Topexpertin für Image-Design in Deutschland. Sie ist Autorin des Premium-Ratgebers „Das Geheimnis der Klasse Männer".

Welchen Tipp geben Sie Freelancern und Existenzgründern, die sich Gedanken zum Thema Kleidung im Verkaufsgespräch machen?
Gerade bei Selbständigen gibt es in der Qualität der Leistung große Unterschiede. Deshalb empfehle ich Existenzgründern sowie Free-

lancern, bereits auf den ersten Blick ihr Niveau zu zeigen. Sie sollten professionell angezogen sein und einen gepflegten Eindruck machen. Das signalisiert, dass sie die Dinge im Griff haben, und eben dieser Eindruck wird vom Betrachter unbewusst auf die Arbeitsleistung der betreffenden Person übertragen.

Was sind die absoluten Fehler in Bezug auf Kleidung und Stil?
Grundsätzlich ist es wichtig, zwischen Freizeit- und Businesskleidung zu unterscheiden.
Für Männer gilt: Tragen Sie keine buntgemusterten Hemden, bedruckten T-Shirts, kurzen Hosen und offenen Schuhe. Häufig zu sehen sind auch Stilbrüche, die aus Unwissenheit entstehen, zum Beispiel die Kombination von Krawatte und Kurzarmhemd.
Für Frauen gilt: Stellen Sie nicht Ihre weiblichen Reize in den Vordergrund, tragen Sie also nicht eng Anliegendes oder tief Ausgeschnittenes. Zu bunt, zu gemustert und zu glänzend sind ebenfalls für das Business ungünstig. Schmuck sollte von guter Qualität sein und dezent, Make-up sollte vorteilhaft unterstreichen, jedoch nicht „angemalt" wirken. Überdekorierte Fingernägel sind ein No-go.

Wie kann ich herausfinden, welcher Stil für welche Branchen angebracht ist?
Wenn man den Firmenauftritt im Internet betrachtet, ergeben sich gute Hinweise, wie das Unternehmen sich sieht: klassisch-seriös, sportlich-leger, jung-kreativ oder ähnlich. Entsprechend darf ich den Kleidungsstil interpretieren.

Was ist die Instant-Lösung für denjenien, der den Schritt in unbekanntes Terrain wagt?
Ein Businesstermin bedeutet immer auch die Präsentation der eigenen Person. Deshalb kleiden Sie sich entsprechend gut. Für den Mann: Anzug, Hemd, Krawatte, dunkle Socken und dunkle Leder-Schnürschuhe. Für die Damen: Hosenanzug oder Kostüm mit schlichtem Shirt oder Bluse kombiniert, Feinstrümpfe und geschlossene Lederschuhe. Vergessen Sie nicht die passenden Accessoires dazu. Stecken Sie also nicht den Plastikkugelschreiber mit Werbeaufdruck ein, sondern kaufen Sie sich ein edles Schreibgerät aus dem Fachgeschäft.

Interessant ist auch die Frage, wie die Attraktivität eines Verkäufers die Beurteilung des Produkts durch den Kunden beeinflusst. Kaufen Kunden tatsächlich von attraktiven Verkäufern mehr und zu höheren Preisen? Wird einem attraktiven Verkäufer auch mehr Kompetenz unterstellt? Sie haben es wahrscheinlich schon geahnt, und eine Studie des Marketing-Lehrstuhls an der Universität Wien hat es klar gezeigt, es ist tatsächlich genau so: Ein attraktiver Verkäufer wird als wesentlich vertrauenswürdiger und kompetenter eingeschätzt. Zusätzlich wird das Angebot von den Kunden besser bewertet. Das bedeutet: Die Attraktivität der Person strahlt auf das Produkt ab, und die Kaufwahrscheinlichkeit steigt.

Checkliste

Zur Vor- und Nachbereitung

Befassen Sie sich mit den folgenden Fragen, wenn Sie die erste Phase des Verkaufsgesprächs vorbereiten oder wenn Sie mit einem Gespräch nicht zufrieden waren. Vielleicht entdecken Sie an der einen oder anderen Stelle Verbesserungspotenzial. Die ersten drei Fragen sind nur dann von Bedeutung, wenn der Kunde in Ihr Unternehmen kommt.

- Welcher erste Eindruck entsteht beim Kunden von mir oder von meinem Unternehmen?
- Welchen Eindruck machen Umfeld und Einrichtung auf den Kunden?
- Wie ordentlich sind die Arbeitsplätze?
- Wie ist die Gesamterscheinung von mir als Person?
- Wie stelle ich mich auf den Kunden ein?
- Wie gehe ich auf den Kunden zu?
- Wie bekommt der Kunde das Gefühl, willkommen zu sein?
- Wie zeige ich Interesse an meinem Kunden?
- Wie gestalte ich ein optimales Beziehungsmanagement?
- Welche Fragen habe ich für den Anfang vorbereitet?

Aber keine Sorge, wie Heidi Klum, Claudia Schiffer, George Clooney oder Brad Pitt brauchen Sie nicht auszusehen. Bezüglich besonders schöner Menschen hat die Studie sogar ergeben: Nicht alles, was Stylisten, Kosmetiker und Coiffeure als Trends setzen, wird auch als attraktiv angesehen.

Dennoch gibt uns die Studie verlässliche Anhaltspunkte, was jeder von uns in Verkaufsgesprächen tun kann, um Kompetenz auszustrahlen und letztendlich einen guten Preis durchzusetzen. Vor allem hat ein gepflegtes Äußeres einen Einfluss auf die Kaufentscheidung. Schon mit wenig Aufwand können Sie Ihre Wirkung steigern: Eine gute Frisur, reine Haut und gepflegte Hände sind ein guter Anfang. Worauf beim Thema Kleidung zu achten ist, habe ich ja bereits erwähnt. Wenn Sie unsicher sind, holen Sie sich von einem Kosmetiker oder einer Kosmetikerin, vielleicht auch bei einer Stilberatung Unterstützung – ja, auch Sie als Mann. Der wichtigste Tipp, wie Sie Ihre Attraktivität sofort steigern: Lächeln Sie. Damit signalisieren Sie dem Gegenüber Sympathie und verstärken Ihre positive Wirkung.

Was Sie über Ihre Kunden wissen sollten

Bestimmt haben Sie als Gründer eine Kundendatenbank angelegt, in der Sie nicht nur Kontaktdaten, Umsätze und Termine vermerken, sondern ebenso Geburtstage, Hobbys, Vorlieben und Informationen über Privates und Familie. Genau das tun auch Verkaufsprofis. Sie halten fest, was Kunden von sich erzählen, um in Gesprächen auf diese Details zurückgreifen zu können. Das Spannende daran: So können Sie im Verkaufsgespräch zeigen, dass Sie am Kunden interessiert sind, und mit ihm eine persönliche Beziehung aufbauen. Wenn Ihnen ein Kunde zum Beispiel vor Monaten von einem geplanten Urlaub erzählt hat, fragen Sie ihn danach.

Falls Sie einen Termin mit einer Ihnen noch unbekannten Person vereinbart haben, machen Sie schon vorab schlau. Im Internet hinterlässt fast jeder Spuren. Internetplattformen wie XING zum Beispiel bieten eine Fülle von Informationen über Menschen und Unternehmen. Auch Ihr Kunde wird sich wahrscheinlich vorher über Sie informieren, Sie bei XING suchen und auch Ihre Homepage besuchen. Gerade eine gelungene Homepage ist wichtig, um sich möglichen Kunden gut präsentieren zu können; sie sollte die wichtigsten Informationen zu Kompetenzen, Unterscheidungsmerkmalen, Lebenslauf und Referenzen enthalten.

Außerdem sollten Sie sich als guter Beziehungsmanager vor einem wichtigen Verkaufstermin mit den Machtstrukturen im Kundenunternehmen befassen. Oft haben Sie es mit einem Team von Vertretern zu tun. Dann sollten Sie wissen, wer die Menschen sind, die tatsächlich die Entscheidungen treffen. Genau diese wollen Sie ja auch ansprechen. Wie können Sie das erkennen? Lassen Sie sich zunächst einmal die Teilnehmerliste für das Treffen mailen. Suchen Sie dann vorab auf der Internetseite nach brauchbaren Informationen. Versuchen Sie außerdem, beim Gespräch alle Visitenkarten der Teilnehmer zu bekommen, und werfen Sie einen schnellen Blick auf die Titel.

Tipp

Erkennen Sie die Machtstrukturen

Bearbeiten Sie die folgenden Fragen, um sich auf einen anstehenden Kundentermin vorzubereiten:

- Wer hat welchen Status?
- Wer sind die Experten?
- Aus welchem Budget kommt das Geld?
- Wer unterschreibt und verfügt somit über die Macht, über das Geschäft zu entscheiden?
- Aus welcher Ecke des Unternehmens (Fachabteilung/Person) kommt die Anforderung?
- Wer sind unternehmensinterne Sponsoren?
- Wer könnte das Projekt boykottieren und warum?
- Wer ist Ihnen gewogen und kann Ihnen helfen?

Zum Umgang mit schwierigen Kunden

Stellen Sie sich einmal ein Business vor, in dem alle Ihre Kunden unkompliziert und wunderbar sind und Sie machen können, was Sie wollen. Für eine gewisse Zeit wäre das sicherlich schön. Aber irgendwann würden Sie sich wohl fragen: „War das schon alles?" Das ist doch langweilig auf die Dauer. Wo ist die Herausforderung? Erst Widerstände und Herausforderungen machen den Alltag spannend. Nur wenn Kunden unzufrieden sind oder neue Bedürfnisse entdecken, gibt es einen Grund, neue Lösungen und Innovationen zu entwickeln. Das wiederum hilft Ihnen dabei, Ihr Angebot ständig zu verbessern und selbst zu wachsen.

Aber es gibt auch Kunden, die man überhaupt nicht mag. Wenn Sie es mit einer solchen Person zu tun haben, fragen Sie sich erst einmal: Habe ich wirklich das passende Angebot für den Kunden? Wenn Sie eindeutig ja darauf antworten können, dann gehen Sie mit dieser Einstellung selbstsicher ins Gespräch. Ihre emotionale Ablehnung stellen Sie dann hintan. Das wird leichter, wenn Sie die folgende Technik anwenden: Fragen Sie sich, welche drei, fünf oder auch zehn sympathischen Aspekte es an diesem Menschen gibt. Wenn Sie sich das deutlich machen, können Sie positiv auf ihn zugehen statt mit emotionaler Ablehnung – die spürt der Kunde sonst durch.

Trotz aller Vorsicht kann es dennoch zu Situationen kommen, in denen Sie spüren, dass die Katastrophe unausweichlich ist. Ein Kunde ist verärgert, schreit oder wird aggressiv. Einen letzten Rettungsanker können Sie noch benutzen, indem Sie sagen: „Lieber Kunde, ich möchte gerne eine Einigung herbeiführen. Welche faire Chance geben Sie mir, dass wir diesen Sachverhalt klären können?" Oder: „Welchen Vorschlag haben Sie für mich, wie wir diesen Sachverhalt lösen können?"

Bekommen Sie selbst auf ein derartiges Friedensangebot keine konstruktive Antwort, ist es vielleicht an der Zeit, „Auf Wiedersehen" zu sagen. Manche Konflikte lassen sich nicht lösen, vor allem wenn sie schon gleich zu Anfang einer potenziellen Geschäftsbeziehung stehen. Dann ist es sinnvoller, getrennte Wege zu gehen.

Im Gespräch

Ilona Gottschick beschreibt ihre Firma Pumukli Services so: „Grundsätzlich verkaufe ich mich und meine Dienstleistung. Ich arbeite in Familien und fördere Kinder spielerisch. Das machen wir beispielsweise durch Musik, in der Natur, durch kreatives Arbeiten oder kommunikative Spiele. Zusätzlich unterstütze ich meine Kundenfamilien im Haushalt."

Was liegt Ihnen beim Verkaufen besonders am Herzen?

Im Verkaufsgespräch ist es mir besonders wichtig, Aufmerksamkeit und Menschlichkeit zu zeigen. Egoismus sollte man hintanstellen.

Wie gehen Sie beim Erstgespräch in den Familien vor?
Ich erzähle von meinem Studium als Kindergärtnerin und meinen Zusatzqualifikationen. Dann zeige ich anhand von Beispielen auf, wie viel ich von meiner Arbeit verstehe. Überall hatte ich aber bisher das Glück, dass ich gleich Kontakt zu den Kindern aufbauen konnte. Ich habe mich sofort mit ihnen beschäftigt. Die Kinder haben mich wegen meiner positiven Ausstrahlung gemocht, und so war es ganz leicht, Aufträge zu bekommen.

Wie sind Sie zu den ersten Kunden gekommen?
Ein Kontakt aus meinem Netzwerk hat mich an einen Kunden empfohlen. Ein anderer Kontakt aus meinem Netzwerk wieder an einen anderen Kunden. Später haben mich meine Kunden an ihre Bekannten weiterempfohlen. Inzwischen kann ich einige Aufträge an andere Menschen in meinem Netzwerk weitergeben.

Welchen Tipp haben Sie für Dienstleister oder Existenzgründer?
Bleiben Sie immer ehrlich und glaubwürdig. Als einen Teil meiner Dienstleistung verstehe ich: Ich warte nicht auf Anweisungen, sondern sehe selber, was zu tun ist, und erledige das zuverlässig. Außerdem weiß ich, dass ich die Beste für meine Familien bin. Wahrscheinlich strahle ich das auch aus.

5. Phase zwei: Den Kunden zum Reden bringen

Bevor Sie den Kunden mit tollen Argumenten für Ihr Angebot überhäufen, sollten Sie erst einmal in Erfahrung bringen, was er überhaupt will. Wie Sie ihn zum Reden bringen, erfahren Sie in diesem Kapitel. Dazu befassen wir uns mit der Königsdisziplin in der Kommunikation: die richtigen Fragen stellen.

Die beiden Einkaufsleiter und die Personalleiterin sitzen dem Trainer entspannt gegenüber, lehnen sich zurück und verschränken fast gleichzeitig die Arme. „So, Herr Meistertrainer, jetzt erzählen Sie mal, was Sie so anbieten." Kennen Sie solche oder ähnliche Situationen? Sie wollen Ihre Dienstleistung oder Ihr Produkt verkaufen und sehen sich mit einer Erwartungshaltung auf der Gegenseite konfrontiert?

Wer hier anfängt, sein Angebotsspektrum auszupacken und anzupreisen, und womöglich den Kunden noch mit einer Salve von Nutzenargumenten und Vorteilen überhäuft, bekommt eines mit ziemlicher Sicherheit: keinen Auftrag! Doch wie geht man mit einer solchen Situation richtig um? Meine Erfahrung als Dienstleister und Trainer hat mich gelehrt, dass es für solche Verhandlungen nur einen Weg gibt: Stellen Sie so lange Fragen, bis die Gesprächspartner mit nach vorne gebeugten Oberkörpern dasitzen, gespannt Ihre Fragen anhören und sie ausführlich beantworten.

Erst dann ist der Zeitpunkt gekommen, in die Angebotsphase zu wechseln. Wann es so weit ist, müssen Sie bestimmen! Wie Sie das machen? Durch gute und professionelle Fragen. Ich behaupte: In der Zukunft werden gute Dienstleister und Freelancer ihre Kompetenz und die Qualität ihrer Angebote durch professionelle Fragen zum Ausdruck bringen. Und sie werden ihre Glaubwürdigkeit durch gutes Zuhören steigern. Das ist der Schlüssel zum Verkaufserfolg.

Warum ist eine gute Fragetechnik so wichtig?

Hatten Sie auch schon mit Verkäufern zu tun, die alle ihre verfügbaren Verkaufsargumente einem Feuerwerk gleich auf Sie als Kunden abfeuern? Dabei wird keine Rücksicht genommen, ob diese Argumente den anderen überhaupt interessieren. Am Ende folgt dann ein Satz wie: „Also, wie ich gesagt habe, unser Produkt wird Ihnen bestimmt gefallen. Das müssen Sie einfach nehmen." Falls Sie in einer solchen Situation gekauft haben, so wahrscheinlich nur mit einem schlechten Gefühl. Rufen Sie sich dieses in Erinnerung, wenn Sie Gefahr laufen, Ihr ganzes Pulver sofort zu verschießen und einen Kunden damit zu überrennen.

Hüten Sie sich auch davor, Fragen zu stellen, die aus mehreren Teilfragen bestehen. Eine klare Kommunikation mit dem Kunden kann nur entstehen, wenn er eine Frage nach der anderen beantwortet und Sie bei

Unklarheiten gezielt nachhaken können. Stellen Sie zu viele Fragen auf einmal, dann kann es passieren, dass einige Teilaspekte nicht zur Sprache kommen.

Sehr beliebt ist es im Verkauf auch, eine Frage zu stellen und gleich drei bis vier mögliche Antworten vorzugeben. Der Kunde braucht dann nur noch eine Alternative auszuwählen und hat wieder seine Ruhe. Die Erfahrung zeigt allerdings, dass oft etwas ganz anderes für den Kunden wichtig wäre. Was das ist, kann aber durch diese Art zu fragen nicht ans Tageslicht kommen. Wenden Sie deshalb immer nur offene Fragen an und legen Sie Ihrem Gesprächspartner keine Antworten in den Mund.

Das richtige Verhalten beim Gespräch

Wie ein Gespräch verläuft, hängt entscheidend von der Atmosphäre ab. Gestalten Sie sie so, dass sich der Kunde wohlfühlt und gerne mit Ihnen spricht. Wenn Sie ihm Ihre Fragen stellen, sorgen Sie für regelmäßigen Augenkontakt und unterstützen Ihr Anliegen durch öffnende Gesten. Versuchen Sie, hin und wieder eine Frage zu begründen, schweigen Sie danach bewusst und lassen Sie Ihren Gesprächspartner unbedingt ausreden.

Falls sich der Kunde negativ äußert, so nehmen Sie dies wahr, lassen seine Anmerkungen aber an sich vorbeiziehen. Lassen Sie sie nicht zum Thema werden, weil sich diese Negativpunkte sonst noch stärker in den Kopf des Kunden einprägen. Kommen dagegen positive Anmerkungen, dann nutzen Sie sofort die Chance, greifen sie auf und verstärken sie durch Nachfragen. Damit sich der Kunde gut verstanden fühlt, verwenden Sie selbst durchaus auch Formulierungen des Kunden im Verlauf des Gesprächs. Achten Sie genau auf die Worte und Formulierungen, die Ihr Kunde benutzt. Ziel ist es, durch ein gleiches Sprachniveau Nähe und Verständnis zu vermitteln. Machen Sie sich klar, das Fragenstellen grundsätzlich als Freundlichkeit und Interesse interpretiert werden.

Tipp

Für Fortgeschrittene: Wechsel der Blickweise

Stellen Sie sich einmal vor, Sie gestalten Ihr Verkaufsgespräch interessant wie eine Kurzgeschichte. Sie trägt den Titel: „Ein Kunde wird glücklich." Welche Erkenntnisse ziehen sie daraus? Handeln Sie danach!

Der Vorteil guter Fragen

Wer fragt, führt das Gespräch, so heißt es oft. Und das stimmt natürlich, denn wenn Sie fragen, bringen Sie Ihr Gegenüber immer wieder auf den Punkt zurück, um den es gerade geht. So erfahren Sie nicht nur mehr über die Wünsche des Kunden, sondern vermeiden auch Ausschweifungen, die Zeit rauben und die Konzentration stören. Doch was genau bewirkt aktives Fragen? Und warum ist es wichtig, eine gute Fragestrategie zu haben?

- Sie zeigen Interesse am anderen und seinen Wünschen.
- Sie beweisen, dass Sie lösungsorientiert sind und mit dem Kunden gemeinsam eine Lösung entwickeln wollen.
- Gute Fragen zeigen, dass Ihre Kompetenz in die Tiefe geht.
- Sie gehen auf den jeweiligen Einzelfall ein und beraten den Kunden ganz individuell.
- Gute Fragen haben gute Antworten zur Folge. Sie bekommen Informationen über die Wünsche und Vorstellungen des Kunden.
- Sie können die Aussagen des Kunden für Ihre Angebotspräsentation sammeln.
- Sie wenden aktiv Zeitmanagement an. Die Erfahrung zeigt, dass Gespräche sich durch gute Fragen verkürzen lassen, weil es dann konzentrierter und zielgerichteter geführt wird.
- Auch der Kunde spart Zeit: Durch Ihre Gesprächsstrategie fallen für ihn nicht relevante Aspekte einfach weg. Der Kunde erfährt dennoch alle für ihn interessanten Informationen.
- Sie gewinnen Zeit. Während Ihr Gesprächspartner über eine Frage nachdenkt und antwortet, bekommen auch Sie wertvolle Zeit, um Ihre weitere Vorgehensweise festzulegen. Achten Sie aber darauf, dem Gegenüber zuzuhören und gedanklich nicht abzuschweifen.
- Sie können Ihr Gegenüber beobachten. Durch die Körpersprache verrät ein Kunde oft viel mehr, als er eigentlich will.

Die Klaviatur des Fragens: Wie kommen Sie ans Ziel?

Welche verschiedenen Möglichkeiten zu fragen gibt es? Kennen Sie die *geschlossenen Fragen*? Hat der Kunde dabei nur die Gelegenheit, mit Ja oder Nein zu antworten? Haben Sie bei dieser Frageart die Möglichkeit, viel über den Wunsch des Kunden herauszufinden? Kann es sein, dass die Kommunikation ziemlich einseitig wird? Kann es sein, dass Sie bei einsilbigen Antworten ziemlich in Stress kommen werden? Was kann ein Verkäufer ändern, damit er nicht immer reden muss?

Diese Fragetechnik eignet sich erst für das Gesprächsende oder um bestimmte Äußerungen abzusichern. Beispiele: „Habe ich Sie richtig verstanden, wenn Sie sagen, das das Projekt schon in zwei Wochen starten soll?" Oder: „Wollen wir gleich einen ersten Termin vereinbaren?"

Welches ist die zweite und wichtigste Art des Fragenstellens? Wie beginnen Fragen, mit denen Sie sehr viel mehr Informationen vom Kunden bekommen? Welche sind die wichtigsten Fragewörter, die mit „W" beginnen? Welchen Vorteil haben Sie, wenn Sie diese *W-Fragen* verwenden? Kann es sein dass Sie neben den wertvollen Informationen des Kunden auch noch Zeit bekommen, darüber nachzudenken, wie Sie im Gespräch weiter vorgehen wollen?

Offene Fragen sind die zentrale Technik für Verkaufsgespräche. Die gängigsten Fragewörter sind: wer, was, wie, wo, wozu, woher, warum, wofür, wann, welche ...

Welche *öffnenden Fragen* benutzen Sie für Ihre Wunschermittlung beim Kunden? Warum sollten Sie jetzt gleich einen Stift zur Hand nehmen und sich 44 Fragen aufschreiben? Was kann ich noch tun, um Ihnen dazu einen Impuls zu geben? Welchen Nutzen kann eine Sammlung von guten offenen Fragen haben?

Mit öffnenden Fragen zeigen Sie Ihrem Gegenüber auf, dass Sie ihm und seinen Gedanken Raum geben wollen. Sie sind geeignet, wenn das Gespräch stockt oder Sie nicht genau wissen, was der Kunde in der aktuellen Situation von Ihnen braucht.

Welche Arten der Fragestellung gibt es noch? Haben Sie schon einmal von den *rhetorischen Fragen* gehört? Ist Ihnen diese Möglichkeit, eine Frage zu stellen, schon seit Jahren bekannt? Habe ich gerade diese Antworten bei Ihnen vorausgesetzt?

Wenn Sie eine rhetorische Frage stellen, erwarten Sie eigentlich keine Antwort. Die denkt sich der Gesprächspartner zwangsläufig, weil sie bereits feststeht und von den Beteiligten genau so erwartet wird. Mithilfe dieser Fragetechnik richten Sie die Aufmerksamkeit Ihres Gegenübers wieder auf sich aus.

Haben Sie sich schon Ihre 44 Fragen aufgeschrieben oder werden Sie es gleich tun? Haben Sie diese Art *Alternativfragen* schon eingesetzt oder werden Sie sie in Zukunft öfter verwenden? Lassen Sie dem Kunden bei der Alternativfrage wirklich die Wahl oder führen Sie ihn in eine bestimmte Richtung? Wollen Sie sich auch einige Alternativfragen für Ihre Praxis aufschreiben oder wollen Sie diese Möglichkeit, den Wunsch des Kunden zu konkretisieren, nicht einsetzen?

Die meisten Menschen wollen gerne selbst eine Entscheidung treffen. Im Verkaufsgespräch gilt das natürlich ebenso. Wenn es also in Richtung Auftrag geht, geben Sie dem Kunden die Möglichkeit zwischen zwei Alternativen zu wählen, die Sie formuliert haben. So lenken Sie den Kunden in eine bestimmte Richtung.

Sie haben sich dieses Buch doch auch gekauft, um sich im Verkaufsgespräch zu verbessern? Sie meinen doch auch, durch Übung wird man besser? Welche Fragetechnik wie wirkt, ist doch für Sie wichtig, oder? Wenn Sie wüssten, wo sich Produkte von alleine verkaufen, wäre das für Sie interessant? Wenn Ihnen jemand sagt, wie sich ein Kunde ein Produkt selbst verkaufen kann, würden Sie es so machen? Lassen Sie sich von meinen *Suggestivfragen* manipulieren?

Gute suggestive Fragen generieren die Antworten ebenfalls im Kopf des Kunden und führen ihn dorthin, wo Sie ihn haben wollen. Doch Vorsicht beim Einsatz dieser Fragen, wenn sich der Kunde manipuliert fühlt oder das Gespräch nur Sie selbst bevorteilt. In einer solchen Situation funktionieren sie nicht, sondern provozieren nur schlechte Stimmung.

Warum machen Sie nicht einmal ein Spiel mit Ihren Freunden und Bekannten? Wer kann eine zweiminütige Rede nur mit Fragen gestalten? Wer von den Beteiligten wird dieses Spiel gewinnen? Welchen Preis denken Sie sich dafür aus?

Haben Sie jetzt einige neue Anregungen für die Gestaltung Ihrer Verkaufsgespräche bekommen? Wie werden Sie die Fragetechniken in Ihren Verkaufsgesprächen anwenden? Haben Sie schon die Erfahrung gemacht, dass derjenige das Gespräch führt, der die Fragen stellt? Ist denn eine der Standardfragen von Verkäufern immer noch so glücklich? Kann ich Ihnen irgendwelche Fragen beantworten? Oder sollten Sie selbst die Chance ergreifen und ergründen, was der Kunde wirklich will?

Praxisbeispiel

Fragen über Fragen

Öffnende Fragen: Was ist Ihnen besonders wichtig? Welche Wunschfarbe soll Ihr Auto haben? Was hat Sie besonders an meinem Angebot interessiert? Geschlossene Fragen: Ist Ihnen Service wichtig? Ist Ihnen unser Produkt bekannt? Sie interessieren sich für …? Schon mal davon gehört?

Alternativfragen: Wünschen Sie lieber Barzahlung oder Ratenzahlung? Darf ich es Ihnen in Grün oder Blau einpacken? Haben Sie Dienstag oder Donnerstag Zeit?

Rhetorische Fragen: Sie wollen doch auch immer bestens informiert sein? Ist es nicht wunderbar, eine solche Beratung genießen zu können?

Suggestivfragen: Wenn Sie im Straßenverkehr immer gesehen werden wollen, ist ein Signalrot für Sie interessant? Was würde passieren, wenn Sie diese Maschine jetzt nicht kaufen? Wie viel würden Sie durch diese neue Investition einsparen? Sie wollen doch auch immer das beste Angebot bekommen?

Mit guten Fragen können Sie dem Kunden gegenüber Ihre Kompetenz beweisen. Dazu müssen sie präzise formuliert sein und genau das umkreisen, was Sie erfahren wollen. Gute Fragen, auf die Sie brauchbare Antworten bekommen, erfüllen folgende Voraussetzungen.

- Die Frage ist eindeutig formuliert, sodass eine präzise Antwort möglich ist.
- Die Frage ist einfach formuliert und besteht nicht aus mehreren Teilfragen.
- Die Frage bezieht sich genau auf die eine Sache, über die Sie etwas erfahren wollen.
- Die Frage ist so formuliert, dass die Antwort überprüfbar ist.

Checkliste

Ihr Verhalten im Verkaufsgespräch

Bereiten Sie sich mit dieser Checkliste auf Ihre Gespräche vor. Bleiben Sie bei den Terminen konzentriert bei der Sache und rufen Sie sich die folgenden Punkte in Erinnerung:

- Stellen Sie immer nur eine Frage.
- Die Fragewörter stehen am Anfang der Formulierung.
- Disziplin: Frage stellen und dann Mund halten und schweigen.
- Geben Sie dem anderen Zeit zum Nachdenken.
- Stellen Sie Fragen aus dem Blickwinkel des Kunden.
- Verwenden Sie Türöffner wie:
  - … Sie als Fachmann
  - … Ihre Erfahrung interessiert mich
  - … Ihre Meinung hilft mir weiter
  - … Ihrer Meinung nach
  - … Sie als Experte
  - … Wie beurteilen Sie das?
  - … Was bedeutet das für Sie?

Formulieren Sie Ihre 44 Powerfragen

In meinen Trainings höre ich von Teilnehmern immer wieder: „Meine Fragen fürs Verkaufsgespräch kommen aus dem Bauch, und ich brauche sie nicht unbedingt vorzubereiten.“ Diese Ansicht teile ich nicht. Stellen Sie sich einmal ein schwieriges Gespräch vor, in dem auch für Sie Stress aufkommt. Oft denkt man sich später: „Jetzt weiß ich, was ich hätte sagen sollen. Vorhin ist es mir nicht eingefallen.“ Deshalb ist es so wichtig, die Fragen für Verkaufsgespräche ganz allgemein und speziell für einzelne Kunden gut vorzubereiten. Bevor Sie damit beginnen, Ihre Powerfragen zusammenzutragen, lesen Sie erst einmal die Beispielfragen für einige Branchen, die ich hier für Sie zusammengestellt habe. Sie sollen zur Anregung und Orientierung dienen.

Für IT-Dienstleister

- Wie viel Zeit könnten Sie sparen, wenn alle Computer reibungslos funktionieren?
- Wie wichtig ist für Sie die Sicherheit von Datenübertragungen im Internet?
- Wie viel Geld wird verschenkt, wenn diese Maßnahme nicht auf diese Weise durchgeführt wird?
- Welche Ansprüche haben Sie bezüglich Innovation, Produktion und Prozessen?
- Was wollen Sie mit dieser Lösung genau erreichen?
- Was soll Ihre Netzwerkkonfiguration in der Zukunft leisten?
- Wer ist Ihr bisheriger Dienstleister?
- Welche Vorstellungen haben Sie zum Thema Datenverarbeitung und Internet?

Für Fotografen

- Bei welchem Anlass sollen Fotos gemacht werden?
- Wofür wollen Sie die Bilder genau einsetzen?
- Welche Art oder welchen Stil von Fotografie stellen Sie sich vor?
- Welche Bildsprache verwenden Sie, um Ihr Unternehmensimage zu transportieren?
- Was gehört für Sie zu einem erfolgreichen Fotoshooting?
- Welches Image wollen Sie transportieren?
- Wie wollen Sie sich in der Bildsprache von anderen unterscheiden?
- Wie viele Personen sind genau zu fotografieren?
- Welche Botschaften und welche Werte möchten Sie über die Bilder vermitteln?

Für Architekten

- Wie sieht Ihr Traumhaus aus?
- Wie viele Personen sollen jetzt und in zehn Jahren in diesem Haus leben?
- Welche Baustoffe sind Ihnen besonders wichtig?

- Welchen Wert legen Sie auf erneuerbare Energien?
- Welchen Stil der Inneneinrichtung bevorzugen Sie?
- Welche Farben wünschen Sie sich für das Innendesign?
- Wie soll das Haus genau genutzt werden?
- Welche gesellschaftlichen Veranstaltungen finden in Ihrem Haus statt?
- Welche Eigenleistungen möchten Sie erbringen?
- In welchem Zeitraum planen Sie die einzelnen Schritte von der Zeichnung bis hin zur Fertigstellung?

Bereiten Sie außerdem eine Liste mit allgemeinen Fragen vor, die Sie für Ihre Verkaufsgespräche nutzen können. Hier einige gute Beispiele für gelungene Formulierungen:

- Was muss genau getan werden?
- Welches Gefühl haben Sie dabei?
- Welchen Standpunkt nehmen Sie dabei ein?
- Aus welchen Gründen ist es nicht so gut gelaufen, wie wir gehofft haben?
- Was können wir ändern, damit die Sache besser funktioniert?
- Welche Ergebnisse sind Ihnen wichtig?
- Was interessiert Sie besonders an meiner Dienstleistung?
- Wie zufrieden sind Sie mit Ihrem bisherigen Zulieferer?
- Welche finanziellen Aufwendungen haben Sie zurzeit für …?
- Welche Anforderungen wollen Sie an einen zukünftigen Dienstleister stellen?
- Welchen Wert legen Sie auf Nachbetreuung und Service?
- Was müssen wir noch bedenken oder berücksichtigen?
- Welche Informationen brauchen Sie zu diesem Zeitpunkt noch, um sich zu entscheiden?
- Wer ist alles in diese Entscheidung eingebunden?
- Welche Fragen kann ich Ihnen jetzt beantworten?
- Welche Vereinbarungen können wir heute treffen?

Ich kann es nur noch einmal wiederholen. Verlassen Sie sich nicht allein auf Ihr Gefühl, sondern bereiten Sie sich auf Ihre Gespräche gründlich vor. Nehmen Sie sich die Zeit, sich die wichtigsten Fragen auszudenken, sie zu formulieren und aufzuschreiben. Bestimmt werden im Lauf der Zeit weitere Fragen dazukommen, halten Sie auch diese fest. So können Sie nach und nach einen umfangreichen Fragenkatalog zusammenstellen. Sie werden schnell merken: Die Zeit hierfür war und ist gut investiert. Ergänzend zum Buch haben wir eine lange Liste möglicher Fragen quer über alle Branchen gesammelt und diese unter www.jeder-ist-unternehmer.de/frageliste für Sie bereitgestellt.

Expertentipp: Merktechnik

Meine Frage an den Gedächtnisexperten Markus Hofmann in einem Telefonat: Gute Fragen formuliert zu haben gehört essenziell zu einer guten Vorbereitung. Wie kann ich mir bis zu zehn Fragen für ein Gespräch merken? Sein Tipp: Legen Sie Ihre Fragen wie in zehn verschiedene Briefkästen auf dem Gesicht Ihres Kunden ab. Merken Sie sich die Gesichtsliste von 1 bis 10 und gehen Sie von oben nach unten vor. Speichern Sie folgende Punkte ab:

1 – Stirn

Wer ist von dieser Angelegenheit betroffen und bei der Umsetzung der entsprechenden Maßnahmen eingebunden?

Stellen Sie sich folgendes Bild vor: Auf die Stirn lassen Sie sich alle Personen eintätowieren, die in das Projekt mit einbezogen werden. Sehen Sie plastische Gesichter in Farbe.

2 – Augenbrauen

Welche Effekte soll die Investition bringen?

Stellen Sie sich folgendes Bild vor: Die Augenbrauen explodieren in einem gewaltigen Feuerwerk. Wow, welche Effekte!

3 – Oberlid

Was würde passieren, wenn Sie das Projekt nicht umsetzen?

Stellen Sie sich folgendes Bild vor: Ein Gabelstapler versucht, Ihr Oberlid in eine andere Position zu ziehen. Es gelingt ihm aber nicht. Was ist die Folge? Vielleicht wird der Fahrer entlassen?

4 – Wimpern

Anhand welcher Kriterien treffen Sie bei der Vergabe eines Auftrags Ihre Entscheidung?

Stellen Sie sich folgendes Bild vor: Die Wimpern stellen den Fächer der einzelnen Kriterien dar. Wenn ein Kriterium erfüllt wird, wird eine Wimper umgeklappt.

5 – Iris

Wer entscheidet über die Vergabe des Auftrags?

Stellen Sie sich folgendes Bild vor: Die farbenprächtige Iris gehört dem Verantwortlichen, der den Auftrag vergibt. Gehört sie der charmanten Vorstandsvorsitzenden, dem neckischen Geschäftsführer oder doch der gewissenhaften Praktikantin?

6 – Augenweiß

Was wissen Sie schon über meine Firma/mich?

Stellen Sie sich folgendes Bild vor: Aus dem Nichts (sprich aus dem Augenweiß) tauchen auf einmal kleine Fragezeichen, Ausrufezeichen und Ihr Firmenlogo auf und verschwinden wieder.

7 – Unterlid mit Grübchen

Wie ist die zeitliche Planung?

Stellen Sie sich folgendes Bild vor: Auf dem Unterlid schwimmt ein offener Terminkalender in Richtung Grübchen.

8 – Wange

Worauf legen Sie besonderen Wert? Was ist Ihnen wichtig?

Stellen Sie sich folgendes Bild vor: Auf der linken Wange sind Goldbarren und auf der rechten Wange Diamanten eingelassen. Was ist für Sie mehr wert?

9 – Mund

Welches wichtige Ergebnis erwarten Sie?

Stellen Sie sich folgendes Bild vor: Die Ober- und Unterlippe des Mundes sehen aus wie das Ist-gleich-Zeichen in der Mathematik. Dahinter steht immer das Ergebnis.

10 – Kinn
Was sind Ihre Ziele, und wie können wir die Erreichung messen?

Stellen Sie sich folgendes Bild vor: Auf dem Kinn sehen Sie das Ziel-Banner eines Marathonlaufs. Daneben steht jemand, der mit einer Stoppuhr die Zeit misst.

Über diese Bilder brauchen Sie nur noch im Gesicht des Kunden die einzelnen Stationen zu besuchen und sich jeweils die Frage abzuholen. Entscheiden Sie selbst, welche Frage Sie einsetzen und welche nicht. Wenn Sie so vorgehen, werden Sie sich nicht nur an Ihre ausgewählten Fragen erinnern, sondern kommen zudem in den Genuss von drei weiteren Vorteilen:

- Der Gesprächspartner hat das Gefühl, Sie interessieren sich besonders für ihn, wenn Sie ihn genau anschauen.
- Sie selbst werden weniger durch andere optische Reize abgelenkt und wirken konzentrierter.
- Sie haben dank der Merkhilfe Ressourcen frei, um das Gespräch entspannter zu gestalten.

Mit einiger Übung werden Sie merken, wie einfach es ist, solche Gedächtnistechniken anzuwenden. Die schmerzhaft anmutenden Vorstellungen bei dieser Übung sind Absicht. Je stärker die Eindrücke wirken, desto besser ist es für die Gedächtnisleistung.

Die Kunst des Schweigens und Zuhörens

Ein weitverbreiteter Fehler von Verkäufern ist es, in Gesprächen zu viel zu reden und zu wenig zu schweigen. Dabei ist eines klar: Wer schweigt, hat Zeit zum Zuhören und Nachdenken. Bewusstes Schweigen ist ein mächtiges Werkzeug, fast wirkt es wie ein Kräftemessen. Allerdings werden in einem Verkaufsgespräch zuerst Ihre Kräfte gemessen: Haben Sie genug Disziplin zu schweigen? Achten Sie doch in Zukunft einmal auf Ihre eigenen inneren Impulse, jemand anderem ins Wort zu fallen oder ihn zu unterbrechen.

Schweigen scheint keine Kommunikation zu sein. Doch Sie erinnern sich: Sie können nicht nicht kommunizieren. Innerhalb einer Kommunikation das eigene Schweigen auszuhalten ist für viele – ganz besonders für extrovertierte Menschen – eine schwere Übung. Dabei ist diese Kunst eine sehr wirksame Art der Kommunikation. Denken Sie nur an den Streit von Ehepartnern, in dem sich der eine Part dadurch auszeichnet, konsequent schweigen zu können. Den anderen ausreden zu lassen und nicht zu unterbrechen ist noch aus einem anderen Grund sehr wichtig: Häufig kommen die wichtigsten Argumente erst ganz zum Schluss – nach dem Motto: „Und was ich übrigens schon immer sagen wollte …“ Hören Sie daher aufmerksam zu und warten Sie, ob noch eine entscheidende Information am Ende kommt.

Gutes Zuhören ist auch wichtig, damit sich der Kunde wohlfühlt, wenn Sie ihn ausfragen. Es gibt eine Reihe von Möglichkeiten, wie Sie durch Ihr Verhalten und Ihre Körpersprache dem anderen Interesse signalisieren und ihm zeigen, dass Sie ihn ernst nehmen. Er wird es Ihnen danken – mit guten Antworten.

Doch was sind die Faktoren, die das proaktive Zuhören ausmachen? Wie kann ich meinem Gegenüber zeigen, dass ich aufmerksam zuhöre?

Vermitteln Sie Aufmerksamkeit.

- Ruhiger, offener und bedrohungsfreier Blickkontakt
- Offene, zugewandte, entspannte Körperhaltung
- Versuchen, zwischen den Zeilen zu hören

Ermutigen Sie Ihr Gegenüber.

- Freundliche Gesten: Kopfnicken, Lächeln
- Türöffner verwenden: „hmmm“, „ja“, „aha“, „oh“, „verstehe …“
- Nonverbal Verständnis signalisieren: nicken
- Pausen zulassen
- Gegebenenfalls nachfragen
- Ausreden lassen, das Wichtigste kommt oft erst zum Schluss

Achten Sie darauf, die Inhalte zu wiederholen, zusammenzufassen und zu überprüfen.

- Hauptgedanken mit eigenen Worten wiederholen
- Kernpunkte strukturiert zusammenfassen
- Nachfragen, ob richtig verstanden
- Ruhige und authentische Stimmführung

Ausflug in die Gehirnforschung: Spiegelneuronen

Die Gehirnforschung hat Ende der 90er Jahre Erkenntnisse hervorgebracht, die uns dabei unterstützen, den Kunden und sein Handeln besser zu verstehen. Mit anderen Worten: Es haben sich Hinweise ergeben, dass dem Kunden bei seinen Entscheidungen tatsächlich geholfen werden kann. In diesem und im nächsten Abschnitt stelle ich einige dieser wissenschaftlichen Grundlagen vor, da sie mir sehr wichtig für das Thema Verkaufen erscheinen. Eine Entdeckung, die vieles erklärt, was so mancher von uns schon geahnt hat, ist die Funktionsweise der Spiegelneuronen.

Wie funktionieren Spiegelneuronen?

Warum spiegeln wir im Gespräch unbewusst die Sitzhaltung des anderen? Warum erwidern wir unwillkürlich das Lächeln eines anderen? Warum ahnen wir manchmal den Spurwechsel des übernächsten Autos? Diese und ähnliche Phänomene sind Resonanzen, die intuitiv Gefühle oder Bewegungen des Körpers spiegeln. Was bewirken Resonanzen? Generell gesagt: Sie bringen etwas zum Schwingen oder Erklingen. Instrumente können beispielsweise durch Übertragung von Schallwellen andere ebenfalls in Schwingung und damit zum Tönen bringen.

Spiegelneuronen, das sind Nervenzellen, machen die Resonanzvorgänge bei Menschen möglich. Sie werden auch dann aktiv, wenn wir beobachten oder auf andere Weise miterleben (hören oder fühlen), wie bei einem anderen Individuum ein spezielles Programm abläuft. Spiegelneurone aktivieren die sogenannten Handlungsneuronen. Diese können Programme für zielgerichtete Handlungen ausführen und „kennen" den Plan einer Aktion von Anfang bis Ende. Zu einer Handlung muss es nicht unbedingt kommen, manchmal bleibt es auch beim Nachdenken darüber. Wird über eine Handlung häufig nachgedacht oder wird sie mehrmals visualisiert, erhöht das aber die Wahrscheinlichkeit, dass sie auch durchgeführt wird. Andererseits setzt in manchen Situationen auch der Verstand ein und eine Aktion wird abgebrochen. Das ist der Fall, wenn einen plötzlich der Mut für gefährliche Aktionen verlässt.

Die Handlungsneuronen geben ihre Befehle an die Bewegungsneuronen weiter. Das dauert etwa 100 bis 200 Millisekunden. Die Bewegungsneuronen haben die Macht über den einzelnen Muskel, verfügen aber über keine eigene „Intelligenz“. Sie tun das, was die Handlungsneuronen ihnen sagen. Entstehen in der Verbindung zwischen Handlungsneuronen und Bewegungsneuronen Störungen oder ein „Kurzschluss“, so kann es beispielsweise bei Golfspielern zu einem Muskelzucken (Yips) oder bei Elfmeterschützen zu einem unerklärlichen Fehlschuss kommen. In diesen Fällen weiß der Betreffende nicht, warum er so gehandelt hat, ins Bewusstsein ist die Aktion gar nicht gedrungen. Unbewusste Prozesse und Bilder im Gehirn haben gleich bestimmte Impulse ausgelöst. Wie Sie sehen, ist für die Ausführung von Handlungen und Bewegungsabläufen ein ganzes Netzwerk von Neuronen nötig, die perfekt aufeinander abgestimmt funktionieren müssen.

Eine weitere Eigenart der Spiegelneuronen: Sie können einzelne Bilder einer Szene zu einer wahrscheinlich zu erwartenden Gesamtsequenz ergänzen. Das gilt auch für relativ komplexe Situationen. Diese Erkenntnisse sind nicht nur im Sport, sondern auch bei der Vorbereitung von Verkaufsgesprächen wichtig.

Praxisbeispiel

Das Verhandlungsgespräch

Wir hatten bei einer Verhandlung, bei der es um mehrere ungeklärte Sachverhalte und Zahlungen ging, die verschiedensten Punkte offengelegt, und es bestand die Chance auf eine Einigung. Der Vermittler versuchte immer wieder, einen Abschluss zu erreichen. Ich war generell einverstanden, doch plötzlich sagte meine innere Stimme: „Vorsicht, da ist noch etwas!“ Die Kommunikation der Gegenpartei hatte für mich vom Verstand her nicht nachvollziehbare Untertöne. Aber scheinbar haben die ganzheitlich „denkenden“ Spiegelneuronen die richtigen Verbindungen hergestellt. Genau diesen Punkt, der mir noch ungeklärt erschien, brachte ich ins Spiel und wollte wissen, ob mit ihm alles geklärt sei. Plötzlich machte die Gegenpartei einige neue Fässer auf, über die sie noch streiten wollte. Hätte ich nicht auf meine Intuition gehört, so hätte ich womöglich zu früh Kompromissen zugestimmt und wäre dann später über den Tisch gezogen worden.

Verlassen Sie sich auch in Verkaufsgesprächen auf Ihre Intuition. Falls Sie spüren, dass Informationen und Gefühle aus Ihrem Inneren an die Oberfläche kommen, versuchen Sie auf jeden Fall, diesen Impuls in das Gespräch einzubringen und die damit verbundene Angelegenheit zu klären.

Spiegelneuronen als Erfahrungsspeicher

Die Spiegelneuronen speichern alle Eindrücke aus den Erfahrungen, die wir gemacht haben. Die darauf basierenden intuitiven Ahnungen gelangen oft nicht einmal in unser Bewusstsein. So erklären sich auch manche geradezu „telepathischen“ Fähigkeiten in Bezug auf uns emotional nahestehende Menschen: Unser Gehirn versorgt uns mit intuitiven Annahmen darüber, was der andere gerade tut. Dabei kann es durchaus eine hohe Trefferquote geben. Achtung: Wenn wir von Stress, Unsicherheit oder Angst betroffen sind, reduziert sich die Signalrate der Spiegelneuronen deutlich. Dadurch verringert sich unser Einfühlungsvermögen, Verständnis und die Wahrnehmung von Details. Menschen, die diese Zusammenhänge kennen und damit umgehen können, haben die Möglichkeit, andere zu beeinflussen. Im positiven Fall nennen wir das Motivation oder Konditionierung, im negativen ungewollte Manipulation. Die schöne Nachricht: Intuition und Resonanzen gehören aufgrund der wissenschaftlichen Erkenntnisse nicht mehr in eine – für manche suspekte – esoterische Ecke. Seit der Entdeckung der Spiegelnervenzellen oder Spiegelneuronen lässt sich vieles auch neurobiologisch erklären.

Empathie, Verständnis zwischen Menschen und Vertrauen wären ohne die Spiegelneuronen nicht möglich. Verschiedene Experimente an italienischen Universitäten haben gezeigt, dass jeder Mensch die Bereitschaft in sich hat, den emotionalen Ausdruck des anderen zu spiegeln. Das Spiegeln mogelt sich sogar an unserer bewussten Kontrolle vorbei. Diese Resonanz ist selbst dann vorhanden, wenn wir andere Menschen oder Situationen gar nicht bewusst wahrnehmen. Wir Menschen passen uns automatisch an Stimmungen anderer an und zeigen das durch körpersprachliche Reaktionen, indem wir das Verhalten imitieren. Zum Beispiel schlagen wir die Beine übereinander, wenn es der andere auch tut. Wenn wir in den Himmel schauen, tun das die anderen auch. Weitere Verhaltensweisen, die ansteckend wirken können: gähnen, jemandem zuprosten, lächeln, was Ihre Laune verändern kann. Ganze Bewegungsabläufe sind durch früheres Beobachten in uns gespeichert. Deshalb können wir diese auch beim Training von Verkaufsgesprächen, bei Präsentationen oder bestimmten Bewegungen (auch im Sport) abrufen.

Intuitive Ahnungen ganz realistisch gesehen

Wenn wir bewusst oder unbewusst Gesten, Mimik, Blicke, Körpersprache oder das Verhalten von Menschen wahrnehmen, treten nicht nur Resonanzen oder Spiegelungen auf. Nein, es geht viel weiter: Wir besitzen ein intuitives Wissen darüber, was im weiteren Verlauf geschehen kann oder wird. Nur auf dieser Basis kann das Zusammenleben von Menschen funktionieren. Jede Art von Fortbewegung an Orten, wo viele Menschen aufeinandertreffen, wäre sonst unmöglich. Auch Teamsportarten hängen zu einem Großteil davon ab, dass die Spielpartner intuitiv einschätzen können, wohin die anderen laufen und wie sich der nächste Spielzug aufbauen könnte. Siegerteams haben dieses Gespür besonders stark entwickelt und durch die Handlungsimpulse einen besonderen Vorsprung vor den Teams, die nicht so gut aufeinander eingespielt sind.

Praxisbeispiel

Frage an Oliver Kahn, Torhüter-Legende

„Wie schaffen Sie solche Wahnsinns-Reflexe?" „Das ist manchmal wie beim Schachspiel. Wenn man erfahrener wird als Torwart, dann weiß man, was passieren könnte. Ich sehe Spielzüge voraus, ahne schon in der Entstehung, wohin der Schütze zielen könnte." (Quelle: tz, 9/2006)

Als Negativbeispiel kann das Mobbing dienen: Dabei verlassen die Menschen um den Gemobbten herum bewusst dessen Erlebnis- und Wahrnehmenswelt. Er wird ausgegrenzt und ist irritiert über das Verhalten, das ganz anders ausfällt, als es die Spiegelneuronen erwarten lassen würden.

Spiegelneuronen und Verkaufsgespräche

Was haben die Erkenntnisse der Hirnforschung denn nun mit dem Verkaufen zu tun? Ganz plakativ gesagt: Wenn Sie es schaffen, dass der Kunde schon während des Gesprächs vor seinem inneren Auge sieht, wie er Ihr Produkt oder Ihre Dienstleistung in der Zukunft nutzt, ist die Chance recht groß, den Auftrag auch zu bekommen. Dieses Bild einer gemeinsamen Zukunft, das Sie mit rhetorischem Geschick aufbauen, muss natürlich ohne Wenn und Aber ein positives sein und ganz den Wünschen und Bedürfnissen des Kunden und seines Unternehmens entsprechen.

Die beste Art, den Kunden in die Vorstellung einer gemeinsamen Zukunft zu führen, ist: Fragen stellen. So geben Sie dem Kunden die Möglichkeit, seine eigenen Ideen zu entwickeln. Durch gute offene Fragen begleiten Sie ihn in seine Welt und verknüpfen Ihr Angebot mit ihr. Das hat zur Folge, dass die Handlungsneuronen den Befehl geben, Ihr Produkt oder Ihre Dienstleistung zu bestellen und den Auftrag zu unterschreiben.

Behalten Sie die Körpersprache des Kunden im Blick

Die Körpersprache ist ebenfalls ein wichtiger Aspekt, der uns Aufschluss darüber gibt, wo unser Gegenüber gerade steht. Über unsere Körpersprache geben wir unbewusst Informationen weiter. Ob wir wollen oder nicht. Wenn sich Menschen entscheiden, wird die Inhaltsebene sogar von der Aussage der Körpersprache kontrolliert. Das bedeutet: Wenn Ihr Kunde etwas zu Ihnen sagt, sollten Sie darauf achten, ob seine unbewussten körpersprachlichen Signale dazu passen. Wie stark achten Sie bisher in Gesprächen darauf? Nutzen Sie diese Möglichkeit, um eine Menge wertvoller Informationen zu bekommen. Voraussetzung: Ihre Wahrnehmung muss entsprechend trainiert sein. Nur wer genau beobachtet, kann die Signale des Körpers, der Stimme, der Augen und der Mimik aufnehmen und verwerten. Das ist wichtig, denn durch unbewusste Verhaltensweisen spiegelt der Kunde seinen inneren Zustand und seine Gedanken über das Gesagte nach außen wider.

Die Ja- und die Nein-Haltung

Beachten Sie bitte, dass jeder Kunde eine eigene besondere Art hat, seine inneren Gefühle und Zustände auszudrücken. Die gleichen Bewegungen und Reaktionen können bei verschiedenen Menschen etwas anderes bedeuten. Ihre Aufgabe ist es also zunächst, verschiedene Muster im Verhalten eines Kunden kennenzulernen, indem Sie ihn in unterschiedliche Situationen bringen. Die Erkenntnisse hieraus können Sie dann nutzen, wenn es um den Verkauf Ihres Angebots geht. Dazu eignen sich zum Beispiel zwei unterschiedliche Verhaltensweisen, die ich das Ja-Verhalten und das Nein-Verhalten nenne.

Das bedeutet: Um ein Ja des Kunden bezüglich Ihres Angebots im Verkaufsgespräch zu erkennen, sollten Sie den Kunden vorher in eine „Ja-

Situation“ bringen. Führen Sie ihn mit einem Beispiel oder einer persönlichen Frage in diese Gedankensituation, zum Beispiel mit der Frage, welche Entscheidung er nicht bereut hat. Anhand der Erinnerung an diese Situation, bei der Ihr Kunde Zustimmung empfunden hat, wird er sich in seine ihm eigene Position des Ja begeben, und seine unbewusste Körpersprache wird ihm folgen. Achten Sie nun besonders auf folgende Signale:

- Wie verändert sich sein Atem?
- Wohin blicken seine Augen? Wie verändern sich seine Pupillen?
- Welche neue Haltung nimmt der Oberkörper ein?
- Nach welcher Seite sind Kopf und Körper geneigt?
- Wie ist die Muskelanspannung in den Händen und im Nacken?
- Wie verändert sich seine Mimik? Achten Sie auch auf das Muskelspiel rund um Augen und Kiefer.
- Welche rhythmischen Bewegungen macht er?
- Wie ändert sich seine Hautfarbe?
- Wie ändert sich die Muskelanspannung der Lippen?
- Wie hoch ist die Frequenz des Lidschlags?
- Wie verändern sich Tonhöhe und Tempo der Stimme?
- Welche anderen kleinen Körperbewegungen, besonders der Hände, nehmen Sie wahr?

Zu einem anderen Zeitpunkt im Gespräch bringen Sie den Kunden in eine Nein-Situation. Erwähnen Sie etwas, das der Kunde Ihrer Einschätzung nach nie tun würde oder prinzipiell ablehnt. Damit sich in dieser Situation kein Graben zwischen Ihnen und dem Kunden auftut, sollten Sie etwas ansprechen, bei dem Sie dem Kunden voll zustimmen können. Achten Sie wieder genau auf die Signale, die der Kunde aussendet, wenn er seine Nein-Haltung annimmt. Als Erstes verändert sich meist die Atmung. Dem Kunden stockt unbewusst der Atem, er atmet langsamer, sodass die Luft nur in den Brustraum fließt. Dadurch entsteht eine Sauerstoffverknappung, die folgende Auswirkungen hat: Die Muskeln um die Augen ziehen sich zusammen, die Lippen werden schmaler, die Muskeln um den Kiefer herum spannen sich an, die Haut wird weißer, und die Nackenmuskulatur wird angespannt.

Vergleichen Sie dann das intensive Ja-Erlebnis mit dem Nein-Erlebnis. Im weiteren Verkaufsgespräch können Sie so durch genaues Beobachten erkennen, ob Ihr Kunde eher zu einem Nein oder zu einem Ja tendiert, wenn es um Ihr Angebot geht.

Ja-Reaktionen	Nein-Reaktionen
Entspannen der Kiefermuskeln	Anspannen der Kiefermuskeln
Leichte Gesichtshautrötung, besonders an Wangen oder Schläfen	Blasser werden, Dunkel-Hell-Kontrast wird stärker
Leichtes Vorschieben des Kopfes, (angedeutetes) Nicken	Zurücknehmen (Wegneigen) des Kopfes, (angedeutetes) Kopfschütteln
Die Körperhaltung öffnet sich, der Oberkörper geht nach vorne	Körperhaltung wirkt verschlossener (Verschränken der Arme), der Oberkörper geht nach hinten
Augenlider öffnen sich	Augenlider schließen sich, wirken angespannt oder zusammengekniffen
Mundwinkel gehen leicht nach oben	Mund ist angespannt
Lockere Lippen	Zusammenpressen der Lippen

!

Tipp

Verallgemeinern Sie nicht

Wie schon gesagt, jeder Mensch ist individuell. Die Körpersignale können bei verschiedenen Kunden anders sein und etwas anderes bedeuten. Die berühmten verschränkten Arme müssen nicht unbedingt Abweisung oder Verschlossenheit ausdrücken. Es kann sein, dass Ihr Gegenüber Rückenschmerzen hat und zurzeit nur in dieser Haltung bequem sitzen kann. Wenn Sie sich nicht sicher sind, überprüfen Sie Ihre gewonnenen Erkenntnisse lieber noch einmal, als vorschnell Rückschlüsse zu ziehen.

Wie Sie körpersprachliche Signale im Verkaufsgespräch interpretieren

Körpersprachliche Informationen geben Ihnen Aufschluss über die innere Einstellung Ihres Gegenübers. Immer wieder bieten sich damit Gelegenheiten, Ihre eigene Glaubwürdigkeit zu bekräftigen:

- Sie können Ihr Verständnis für die Aussagen des Kunden untermauern oder unvollständige Formulierungen ergänzen.
- Der Kunde teilt unbewusste Einstellungen, Gefühle und Empfindungen mit, die Sie durch Beobachtung wahrnehmen können.
- Wenn sich der Kunde noch nicht entschieden hat, sagt Ihnen das die Körpersprache schon, bevor er es ausspricht.
- Sie können dem Kunden gegenüber Ihre Zuverlässigkeit und Vertrauenswürdigkeit verstärken.
- Der Kunde drückt aus, wie verlässlich er selbst ist.
- Der Kunde zeigt, wie entschlossen er hinter einer Entscheidung steht.

Achten Sie genau darauf, wie sich das Verhalten Ihres Kunden immer wieder verändert, und reagieren Sie entsprechend. Wie verhält sich der Kunde zum Beispiel, wenn

- Sie ihn nach seinen Wünschen fragen? Was ist für ihn wichtig?
- Sie ihm die Nutzen Ihres Angebots präsentieren? Welche gefallen ihm, welche nicht?
- er von Ihrem Angebot überzeugt ist?
- ihm gerade ein Einwand eingefallen ist?
- er noch unentschlossen ist?
- er mit ihnen übereinstimmt?
- sich in ihm leichter Widerstand regt?

Jeder Mensch gibt Ihnen diese Informationen. Bei manchen Kunden lässt sich das innere Erleben leicht im Gesicht ablesen, bei anderen Kunden ist der Vergleich mit dem Indianer angebracht, der keine Miene verzieht. Und dennoch: Die Körpersprache der zweiten Kundengruppe ist einfach nur auf wesentlich kleinere Bewegungen reduziert und auf den ersten Blick nicht erkennbar. So kann eine leichte Anspannung der Muskeln oder eine sanfte Veränderung der Hautfarbe schon einen Stimmungswechsel andeuten. Diese Kunden stellen Sie vor eine besondere Herausforderung, die sich mit gutem Training bewältigen lässt.

Üben Sie, die Einzelbotschaften Ihrer Kunden wahrzunehmen und miteinander zu verbinden. Nach und nach werden Sie feststellen, dass sich gleiche Verhaltensweisen unterschiedlich interpretieren lassen. Am Ende werden Sie durch genaue Beobachtung herausfinden, ob ein Kunde Ihrem Angebot und Ihnen persönlich eher zustimmt oder ob die Chance für einen Auftrag auf dieser Ebene eher klein ist. Wenn Sie den Eindruck haben, dass der Kunde nicht kaufen wird, denken Sie darüber nach, wie Sie Ihre Angebotsstrategie anpassen, um ihn auf andere Weise zu überzeugen.

Gut zu wissen

Der innere Dialog

Der innere Dialog findet statt, wenn der Kunde Ihre Argumente gehört hat und darüber nachdenkt, ob Ihr Angebot für ihn das richtige ist. Wenn Sie seine Wünsche und Bedürfnisse gut eingeschätzt haben, dann lassen Sie ihm jetzt Zeit. Vielleicht stellen Sie aber auch fest, dass Sie noch ein Nutzenargument nachlegen oder ein schon genanntes verstärken müssen. Doch woran können Sie erkennen, dass der Kunde einen inneren Dialog führt? Meist zeigt sich das, indem er mit den Füßen wippt oder mit einem Stift spielt. Auch wenn der Kunde seinen Kopf auf die Hand oder Faust stützt und dabei so aussieht, als ob er telefoniert, kann das ein Anzeichen für Gedankenspiele sein. Ganz nahe sind Sie dem Auftrag, wenn der Kunde über eine gemeinsame Zusammenarbeit spricht und dabei aus dem Fenster sieht. Dies ist ein Signal dafür, dass er über die Zukunft nachdenkt.

6. Phase drei: Ein wenig Show darf sein

Als guter Verkäufer sollten Sie jede Chance nutzen, um dem Kunden tatkräftig zu beweisen, dass Sie ihm nützlich sein wollen und können. Besser noch: nützlicher sein werden als Ihre Wettbewerber. Nutzen Sie dazu uneingeschränkt die Angebotsphase. Wie Sie dabei vorgehen, erfahren Sie in diesem Kapitel.

Stellen Sie sich noch einmal vor, wie es ist, wenn ein Feuerwerk von Argumenten für ein bestimmtes Angebot auf Sie einprasselt. Der Verkäufer hat sich so richtig warmgeredet und der Schwall an Informationen endet mit den Worten: „Also, wie ich Ihnen schon gesagt habe, unser Produkt wird Ihnen bestimmt gefallen, das müssen Sie nehmen." Wie fühlen Sie sich dann? Der Verkäufer hat sich richtig ins Zeug gelegt, aber keine Rücksicht darauf genommen, was Sie überhaupt interessiert. Genau das ist nicht gemeint, wenn ich sage: „Ein wenig Show darf sein." Wie können Sie es besser machen?

Welchen Nutzen hat Ihr Angebot für den Kunden?

In dieser Phase des Gesprächs dürfen Sie aus sich herausgehen und für Ihren Kunden den Showmaster geben. Die inhaltliche Vorbereitung dafür haben Sie bereits erledigt, wenn Sie die Antworten des Kunden in der vorausgegangenen Phase des Verkaufsgesprächs aufmerksam verfolgt haben. Wiederholen Sie die Vorstellungen Ihres Gesprächspartners und bringen Sie sie mit Ihrem Angebot in Verbindung. Malen Sie dem Kunden in den schönsten Farben aus, wie er sich seine Wünsche mit Ihrem Angebot erfüllen kann. Wenn der Kunde auf den ersten Blick erkennt, dass Sie alle seine Vorstellungen berücksichtigt haben, wird er Ihnen sicher das volle Vertrauen entgegenbringen.

Erwähnen Sie alle Nutzen und Vorteile, die Sie mit den Wünschen des Kunden in Verbindung bringen können. An dieser Stelle kommen auch wieder die rationalen Argumente ins Spiel, die Sie mit der Skambraks-Matrix© gesammelt haben. Sie wissen es ja schon: Menschen brauchen immer eine rationale Rechtfertigung, wenn sie ihre emotionalen Entscheidungen anderen Menschen offenlegen wollen oder müssen. Sie helfen also Ihrem Gegenüber zusätzlich dabei, seine Entscheidung für Ihr Angebot anderen gegenüber zu vertreten.

Gehen Sie bei der Präsentation dann noch einen Schritt weiter, und belassen Sie es nicht bei der einfachen Beschreibung der Nutzen Ihres Angebots. Erzählen Sie dem Kunden, welche Vorteile jeder einzelne Nutzenaspekt ihm und seinem Unternehmen bringt und was das ganz konkret für ihn und seinen Betrieb bedeutet. Dazu können Sie Formulierungen verwenden wie beispielsweise:

- … damit sparen Sie …
- … das erhöht Ihre …
- … dadurch verbessern Sie Ihre …
- … das ersetzt Ihnen …
- … damit vereinfachen Sie …
- … dadurch erzielen Sie …
- … profitieren Sie von …
- … bedeutet für Sie …
- … sparen Sie …
- … genießen Sie alle Vorteile von …
- … gewinnen Sie …
- … haben Sie die Sicherheit …
- … vereinfacht die Aufgabe der …

Tipp

Machen Sie den Listencheck

Falls ein Kunde sehr unentschlossen wirkt und merklich zögert, schlagen Sie ihm vor, gemeinsam einen Listencheck mit den jeweiligen Plus- und Minuspunkten vorzunehmen. Tragen Sie mit ihm gemeinsam alle wichtigen Aspekte zusammen und notieren Sie sie. Vielleicht lässt er sich leichter überzeugen, wenn die Argumente schwarz auf weiß vorliegen. So kann er seine Unsicherheit in Bezug auf den Kauf leichter überwinden.

Wenn Sie sich während Ihrer Vorbereitung damit beschäftigen, was Ihre Angebotsnutzen konkret für den Kunden und sein Unternehmen bedeuten, stellen Sie sich die Frage: Wie kann sich der Kunde seinen Wunsch damit erfüllen und welches Ergebnis erzielt er auf diese Weise? Legen Sie eine Tabelle wie die auf der folgenden Seite an und tragen Sie alle Ihre Ideen und Gedanken ein, die Ihnen zu Ihrem Produkt und möglichen Wünschen Ihrer Kunden einfallen.

Produktmerkmal	Kundennutzen	Kundenwunsch
20-Zoll-Bildschirm	30 Prozent schnelleres Arbeiten	Schneller zur Familie kommen
Kann Loch in Wand bohren	Bild aufhängen	Bewunderung von Gästen bekommen

In dieser Phase des Verkaufsgesprächs geht es vor allem darum, dem Kunden die notwendige Sicherheit zu geben, dass er sich richtig entscheidet. Der Kunde will Ihnen vertrauen. Das müssen Sie ihm möglichst leichtmachen, indem Sie die entsprechenden „Beweise" erbringen. Das gilt vor allem, wenn der Kunde Sie noch nicht kennt. Schließlich liegt die Auswirkung seiner Entscheidung für Sie und Ihr Angebot im Horizont einer noch unbekannten Zukunft.

Wie Sie mit Beweisen Vertrauen herstellen

Wie viel Vertrauen in einer Geschäftsbeziehung entsteht, hängt von den beteiligten Personen und von situationsabhängigen Faktoren ab. Leider lässt sich die persönliche Komponente nicht messen, obwohl sie so wichtig ist. Also müssen wir unseren Kunden andere „Beweise" liefern.

Jeder von uns ist Experte für das Thema Vertrauen. Tagtäglich schenken wir Menschen unser Vertrauen, und uns wird es entgegengebracht oder Misstrauen kommt ins Spiel. Ihr Kunde kauft, wenn er darauf vertrauen kann, dass Sie seine Erwartungen und Wünsche erfüllen können. Ihr Ziel muss es also sein, dass Ihr Kunde darauf vertraut, dass Sie oder Ihr Produkt ihm helfen, die gewünschten Ergebnisse zu erzielen.

Beim Verkaufen haben Sie verschiedene Möglichkeiten, dem Kunden Beweise zu liefern. Präsentieren Sie diese möglichst in Form schöner

Beispiele, Bilder, Geschichten und Erfolgsstorys. Dadurch werden Ihre Aussagen konkret, verständlich und bleiben länger im Gedächtnis des Gesprächspartners haften.

Sie wollen die Klaviatur der Beweisführung gut spielen können? Dann befassen Sie sich mit der folgenden Übersicht über die sieben Beweisarten und finden Sie für jede Art Ihre eigenen Fragen, die Ihnen zu einer überzeugenden Beweisführung im Gespräch verhelfen. Einige Beispiele sind bereits vorgegeben. Beantworten Sie diejenigen Leitfragen, die für Sie von Bedeutung sind, am besten schriftlich, wenn Sie sich auf Ihre Verkaufsgespräche vorbereiten.

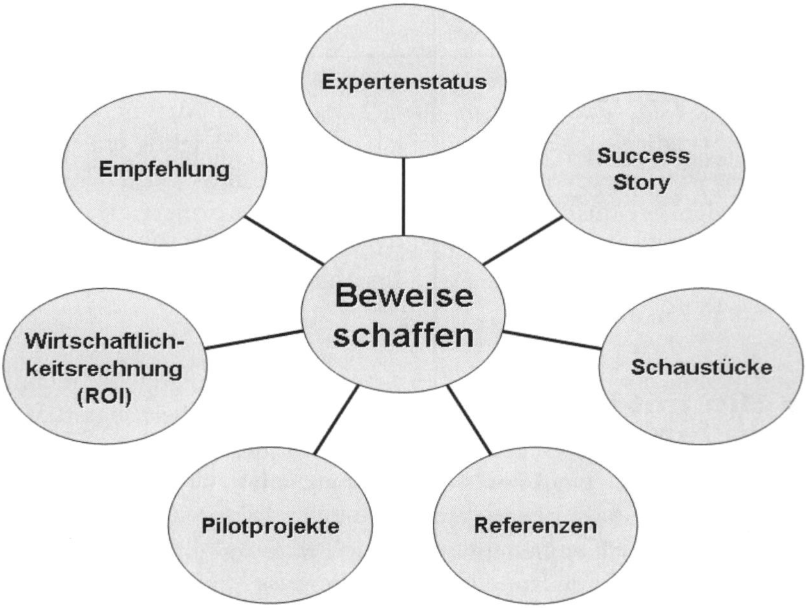

Success Storys

Wenn Sie Geschichten davon erzählen, wie Sie andere Kunden erfolgreich gemacht und welche Ergebnisse Sie erzielt haben, dann entsteht oft der Effekt: Das will ich auch haben. Und für Sie ergibt sich ein neuer Auftrag. Leitfragen:

- Welche Unternehmen habe ich erfolgreicher gemacht?
- Wie habe ich das gemacht?
- Was sind die Ergebnisse?
- Welche Geschichten kann ich dazu erzählen?
- Wie mache ich die Bedeutung dieser Erfolge für den Kunden in der Geschichte deutlich?

Return of Investment (ROI)

Wenn Sie dem Kunden eine Beispielrechnung aufmachen, in welcher Zeit er die Investition für Ihre Leistung wieder hereingespielt haben wird, geben Sie ihm die Möglichkeit zu erkennen, wie gering sein Risiko wirklich ist. Leitfragen:

- Welche Kunden kann ich dazu angeben?
- Wie hoch war die Investition des Kunden?
- Innerhalb welcher Zeit war der Break-even erreicht?
- Was waren die genauen Maßnahmen?
- Wie kann ich den ROI im Bereich Dienstleistungen nachweisen oder messbar machen?

Schaustücke

Das sogenannte haptische Verkaufen ist eine sehr erfolgreiche Technik, wenn es darum geht, Kunden von einem Angebot zu überzeugen. Menschen wollen gerne die Gegenstände, die sie in der Hand halten – oder auch mit dem Gehirn begreifen – selbst haben, sofern sie einen emotionalen Nutzen darin sehen. Leitfragen:

- Wie kann ich über Gegenstände oder Bilder sprechen?
- Welche haptischen, also anfassbaren Verkaufshilfen kann ich entwickeln und dann verwenden?
- Wie übertrage ich Eigenschaften eines Gegenstands auf die Kernmerkmale meiner Dienstleistung? Finden Sie passende Bilder und Vergleiche.

  Beispiel: Sie könnten die Eigenschaften eines Delfins – Wendigkeit, Schnittigkeit, Intelligenz sowie Schnelligkeit – auf eine Software-Lösung übertragen.

Pilotprojekte

Ist dem Kunden das Risiko zu groß, gleich in das Projekt im vollen Umfang einzusteigen, so bieten Sie ihm ein Pilotprojekt oder eine Testphase an. Während dieser Zeit kann er Ihre Leistungen kennenlernen und die Ergebnisse auf die Probe stellen. Nachdem Sie ja von Ihrer Leistung überzeugt sind, können Sie sich die Chancen für den Folgeauftrag ausrechnen. Leitfragen:

- Welches Angebot kann ich zum Kennenlernen machen?
- Kann der Kunde das Produkt testen?
- Welche Produkte oder Lösungen können gemeinsam mit dem Kunden entwickelt werden?

Referenzen

Eine gute Kundenreferenz ist Gold wert. Interessanterweise reagieren viele Unternehmen besonders empfänglich auf Testimonials aus der eigenen Branche oder aus dem direkten Wettbewerb. Der Gedankengang dabei ist: Wenn es bei denen funktioniert hat, dann kann dieser Anbieter die gleichen Effekte bei uns erzielen. Leitfragen:

- Wo habe ich erfolgreich gearbeitet?
- Welche Kunden empfehlen mich gerne weiter?
- Welche schriftlichen Empfehlungen oder Referenzen habe ich bisher gesammelt?
- Wie kann ich von dem guten Namen meines Kunden profitieren?
- Welche potenziellen Kunden wollen sich in der Gesellschaft anderer erfolgreicher Unternehmen sehen?

Weiterempfehlung

Die freiwillige Weiterempfehlung eines Kunden ist ein Traum für viele Verkäufer. Denn nur in seltenen Fällen bekommt man einen Auftrag so leicht, als wenn man von einem zufriedenen Kunden weiterempfohlen wurde. Leitfragen:

- Wie frage ich beim Kunden nach weiteren Adressen?
- Warum werden mich Kunden weiterempfehlen?
- Wie bringe ich meinen zufriedenen Kunden auf den Gedanken, mich weiterzuempfehlen?

Expertenstatus

Die meisten Kunden kaufen gerne bei den Besten, den Ersten oder den Stars einer Branche. Da kann die Kaufentscheidung ja kaum falsch sein, und vielleicht strahlt sogar etwas von der Prominenz des Anbieters ab. Durch einen guten Expertenstatus erzeugen Sie den größten Sog, um neue Kunden anzuziehen. Leitfragen:

- Worin unterscheide ich mich von meinen Wettbewerbern?
- Worin bin ich besonders gut?
- Worin bin ich besonders spezialisiert?
- Wie entwickle ich eine relevante Kommunikation und spreche mit anderen darüber?
- Welche neue Kategorie kann ich schaffen, um einen bestehenden Markt zu teilen?
- Wie kann ich der Presse ein aussagekräftiges Beispiel liefern?
- Welche wertvollen Inhalte kann ich in Artikeln, Broschüren oder Büchern veröffentlichen?

Tipps zur Taktik im Verkaufsgespräch

Die Wiederholung von Inhalten und Argumenten sorgt dafür, dass sie im Gehirn schneller verarbeitet werden. Dem Gesagten wird deshalb eher geglaubt, selbst wenn es gar nicht wahr sein sollte. Flüssiger verarbeitete Informationen werden positiver erlebt. Das innere Ruckeln, wenn man etwas nicht so recht glauben will, lässt nach, und die Inhalte werden angenommen. Wir kennen diesen Effekt aus der Fernsehwerbung. Wird uns eine Botschaft immer wieder vermittelt, dann glauben wir sie auch bald. Ein schönes Beispiel ist die Werbung von Media Markt und Saturn. Immer wieder wird kommuniziert: Wir sind die Billigsten. Auch wenn das nur teilweise stimmt, hat der Großteil der Verbraucher diese Botschaft aufgenommen und nimmt sie ernst.

Was bedeutet das für den Verkauf? Wenn Sie im Gespräch immer wieder danach fragen, ob ein Produkt oder das Ergebnis einer Dienstleistung sinnvoll für den Kunden ist, so werden die damit verbundenen Nutzenversprechen stetig wiederholt und prägen sich besser ein. Lügen sollten Sie in Ihren Gesprächen und Ihrer sonstigen Kommunikation aber keinesfalls.

Umgekehrt fällt mir bei vielen Freelancern und Kleinunternehmern oft auf, dass sie ihr Licht unter den Scheffel stellen und eher Hemmungen haben, ihre tollen Angebote auch mit den richtigen Worten vorzustellen. Also: Mehr Mut, und lehnen Sie sich ruhig etwas aus dem Fenster!

Überlegen Sie sich dazu schon vorab einige Fragen, die Sie dem Kunden stellen können, um immer wieder auf die Vorteile Ihres Angebots hinzuweisen, zum Beispiel:

- Wie werden Sie die Software einsetzen, und welche Ergebnisse können Sie erwarten?
- Welche Bedeutung werden die Ergebnisse meiner Arbeit in Ihrem Unternehmen haben?
- Was meinen Sie, wie wird sich das Projekt wohl auf Ihre Mitarbeiter auswirken?
- Wie werden Sie das gesparte Geld sinnvoll einsetzen?
- Wo werden Sie das Bild aufhängen, und welche Wirkung wird es dort haben?
- Wem könnten Sie das Buch schenken?
- Welche Wirkung wird dieser Text für Ihre Broschüre auf Sie und andere haben?

Sie haben es sicherlich schon gespürt: Durch die Fragen werden vom Gehirn automatisch innere Bilder und Emotionen aufgerufen. Wir begeben uns wieder in das Reich von Pride, Profit, Pleasure und Peace tief im Inneren Ihrer Kunden.

Wenn Sie sich im Gespräch nicht ganz sicher sind, ob Ihr Gegenüber die Nutzen und konkreten Vorteile der Produktmerkmale Ihres Angebots verstanden hat, dann stellen Sie Kontrollfragen. Geeignet sind dazu Formulierungen wie:

- Welche Einsparungen könnten Sie damit erzielen?
- Welche Kundengruppen werden Sie damit genau ansprechen?
- Wie werden Sie die Ergebnisse messen?
- Wie werden Sie das einsetzen?
- Was finden Sie daran interessant?
- Wie sind Sie darauf gekommen?

Tipp
Vermeiden Sie Besserwisserei

Wenn Sie eine Aussage oder eine Behauptung in den Raum stellen möchten, ohne dass diese gleich nach einer Belehrung klingt, dann formulieren Sie sie als Frage. Im zweiten Schritt begründen Sie diese Frage dann. Beispiel: Statt zu behaupten „Unser Produkt ist das beste", können Sie fragen: „Welche Anforderungen stellen Sie an ein solches Produkt genau? Ich frage, weil uns unsere Kunden immer wieder bestätigen, dass …"

Mit der richtigen Wortwahl Widerstand vermeiden

Es gibt Formulierungen, die sofort in den Gedanken des anderen Widerstand erzeugen können. Achten Sie bei Ihrer Wortwahl darauf, dass Sie folgende Ausdrücke vermeiden und durch positiv klingende Wörter ersetzen.

„Müssen": Wer will von einem anderen gesagt bekommen, was er zu tun hat? Lassen Sie den Kunden entscheiden, was er tun will.

„Das wird Sie sicher interessieren": Woher weiß der Verkäufer das? Der Kunde hat oft seine eigenen Vorstellungen. Finden Sie durch Fragen heraus, was für den Kunden interessant ist.

„Das Problem dabei ist": Wer will von einem Menschen kaufen, der selbst ein Problem sieht? Herausforderungen oder Aufgaben sind zu lösen, helfen Sie Ihrem Kunden dabei.

„Leider": Hier schaltet der andere mental ab. Keiner will mit dem anderen leiden. Sogar Anrufer legen unbewusst den Hörer auf, wenn zum Beispiel der Anrufbeantworter das Wort „leider" erklingen lässt. Vermeiden Sie es.

„Nicht": Erzählen Sie Ihrem Kunden nicht, was Sie nicht können, sondern sagen Sie ihm, auf welches Gebiet Sie spezialisiert sind. Falls Sie ihm nicht weiterhelfen können, weisen Sie ihn vielleicht auf einen Netzwerkpartner hin, der das Gewünschte liefern kann.

„Eigentlich", „vielleicht": Die Schwachmacher der Kommunikation schlechthin. Wissen Sie, was Sie sagen wollen oder nicht? Entscheiden Sie sich für ein Statement.

„Ehrlich gesagt“, „wenn ich offen bin“: Hiermit werden Zweifel geweckt. Was hat der andere vor mir zu verbergen? Ist er nicht sowieso ehrlich?

„Lassen Sie uns ein wenig unterhalten …“: Dieser Einstieg könnte so verstanden werden, dass Sie Zeit stehlen wollen. Besser: „Ich möchte heute mit Ihnen über das Thema sprechen, wie Sie 20 Prozent Ihrer Zeit durch einfachere Abläufe sparen können.“

„Aber“, „trotzdem“, „dennoch“: Wenn Sie dem Kunden widersprechen, wird er Ihnen beweisen wollen, dass er doch recht hat. Können Sie den kritischen Sachverhalt von einer anderen Seite beleuchten?

„Selbstverständlich“, „normal“: Die Wirkung beim anderen: „Was, ich als Kunde bin nur normal? Nein, ich will das Außergewöhnliche.“ Erzählen Sie dem Kunden lieber, was Sie Besonderes für ihn tun.

Die zwei Dimensionen eines Verkaufsgesprächs

Wenn Sie Firmenkunden Ihr Angebot präsentieren, müssen Sie an zwei Zielgruppen denken, die unter Umständen sogar in ein und derselben Person stecken. Da ist zum einen die Nutzenargumentation auf der Unternehmensebene. Auf ihr erzählen Sie, was das Unternehmen für Vorteile und Ergebnisse bekommt, wenn es Ihre Dienstleistung einkauft. Gerne hört der Kunde Informationen zu den Themen: Wie viel Geld kann ich sparen? Wie viel Zeit gewinne ich? Welche neuen Kunden bekomme ich dadurch? Wie erleichtert das die Tätigkeit der Mitarbeiter?

Zum anderen ist auch die Ebene des Menschen zu berücksichtigen, der kauft. Hier stehen folgende Fragen im Zentrum: Wie kann ich dem anderen helfen, in seinem Job voranzukommen? Wie erleichtert das die eigene Tätigkeit? Wie helfe ich ihm, das in seinem Unternehmen, vor seinen Chefs zu präsentieren? Überlegen Sie sich Nutzen und Vorteile, von denen ihr Gegenüber persönlich profitiert, wenn es mit Ihnen zusammenarbeitet. Damit ist nicht ein Geschäftsgebaren gemeint, wie wir es aktuell von einigen Großkonzernen kennen, es geht nicht um Argumente in Form von Geld, Geschenken oder Ähnlichem. Aber vielleicht helfen Sie Ihrem Gesprächspartner, das gemeinsame Projekt intern zu präsentieren, oder Sie geben ihm einige gute Argumente mit.

Wenn Sie mit dem Unternehmer persönlich sprechen, sind einige kleine Tipps am Rande oder Beobachtungen, die Sie in seiner Firma gemacht haben, hilfreich. Denn diese können für den anderen unter Umständen Gold wert sein. Ich erlebe immer wieder Anbieter, die ihre Angebote zu deutlich höheren Preisen verkaufen, weil sie dem Kunden kleine Tipps mitbringen. Die sind ihm so viel wert, dass er gerne etwas teurer einkauft.

Und was passiert auf der Unternehmensebene? Viele Dienstleister bieten tolle Ideen und Produkte an, die das Geschäft oder die Arbeitsabläufe in großen Unternehmen verändern. Aus Angst vor Veränderung oder dem Verlust des eigenen Arbeitsplatzes ist eine ganze Reihe dieser Angebote von den Verantwortlichen vor Ort aber gar nicht erwünscht. Doch welche Gründe gibt es denn, die große Unternehmen dazu bewegen, Veränderungen durchzusetzen?

- Es gibt neue Gesetze. Wegen des neuen rechtlichen Rahmens werden Änderungen notwendig.
- Ein Investor macht unmissverständliche Vorgaben zu Einsparungen oder Verbesserungen.
- Eine Unternehmensberatung war im Haus und hat strukturelle Veränderungen durchgesetzt.
- Die technischen Anforderungen haben sich weiterentwickelt. Nun sind Investitionen notwendig, weil die alten Systeme nicht mehr gewartet werden.
- Es gibt neue Supportanforderungen, die mit der alten Struktur nicht mehr erfüllt werden.
- Die Fusion zweier Unternehmen macht tiefgreifende Veränderungsprozesse notwendig.
- Kunden erwarten von ihren Lieferanten bestimmte Leistungen und machen klare Vorgaben.
- Die Wettbewerber sind schneller und besser, und das Unternehmen muss reagieren, um seine Marktstellung nicht zu gefährden.
- Das Unternehmen will im Licht der Öffentlichkeit gut dastehen. Es werden Aktionen durchgeführt, die das Image verbessern sollen.

Es ist nicht immer klug, den Kunden beispielsweise auf Gesetzesänderungen anzusprechen und ihm dann zu erzählen, was er zu tun hat. Mehr Erfolg werden Sie haben, wenn Sie ihn durch gute Fragen zum Thema führen: Welche neuen Gesetzesänderungen sind Ihnen bekannt? Was bedeuten diese für Ihr Unternehmen? Beziehen Sie Informationen über die Rahmenbedingungen aber auf jeden Fall bei Ihrer Vorbereitung ein. Insbesondere wenn Sie Ihr Angebot präsentieren, können Sie in der Nutzenpräsentation diese Punkte unterschwellig einfließen lassen.

Was tun, wenn schon bei der Präsentation Einwände kommen?

Wenn der Kunde bereits in der Präsentationsphase Einwände vorbringt, seien Sie auf der Hut. Die Botschaft ist eindeutig: Formuliert er für ihn wichtige und sogar richtige kritische Aussagen, dann haben Sie in der Phase der Wunschermittlung einen Fehler gemacht. Sie haben zu wenige oder die falschen Fragen gestellt. In einer solchen Situation ist es angebracht, einen Schritt zurückzugehen, in die zweite Phase also, und noch einmal nachzufragen. Damit geben Sie sich die Chance, neue Antworten, Anregungen und Aspekte zu erhalten, die Sie gleich wieder in Ihre Angebotspräsentation einarbeiten können.

Bringt der Kunde trotzdem immer wieder neue Einwände hervor, die Sie vielleicht gar nicht nachvollziehen können, so kann es sein, dass er gar nicht kaufen will und die Verhandlung mit Ihnen aus anderen Gründen führt. Wenn Sie den Verdacht hegen, dass dem so ist, fragen Sie nach: „Lieber Kunde, darf ich Ihnen eine weitere Frage stellen? Was kann ich jetzt noch tun, damit Sie sich entscheiden können?“ Oder: „Was hält Sie nun noch vom Auftrag ab?“ Spätestens jetzt sollten Sie eine Antwort bekommen, die Ihnen Klarheit über das weitere Vorgehen verschafft. Ist das nicht der Fall, dann bleiben Sie auf jeden Fall bei Ihrem Preis. Versuchen Sie, eine Vereinbarung mit dem Gesprächspartner zu erreichen, wann Sie sich wieder treffen oder bis wann genau er sich entschieden haben will.

Ein Teilnehmer hat im Training einmal angemerkt: „Wenn wir zuerst die Wünsche unseres Kunden kennenlernen, dann ist ja die Präsentationsphase wie eine Bescherung für den Kunden.“ Recht hat er!

„Schicken Sie uns ein Angebot, wir melden uns dann“

Im Zusammenhang mit der Angebotspräsentation stellt sich immer wieder eine wichtige Frage: Soll ich auf Anfragen per E-Mail antworten; und wenn ja, wie? Sicher haben Sie das auch schon öfter erlebt. Sie bekommen eine

Nachricht mit der Bitte um ein Angebot. Da Sie auf einen Auftrag hoffen, setzen Sie sich vor Ihren PC und erstellen – teils mit erheblichem Zeitaufwand – Konzepte und Angebotsdetails, versenden sorgfältig erstellte Unterlagen und warten auf Antwort. Und Sie warten und warten. Ist das mehrmals passiert, tritt die Gegenreaktion ein: „Auf E-Mails mit Angebotsaufforderungen antworte ich schon gar nicht mehr. Die kommen sofort in den Papierkorb."

Die Erfahrung vieler meiner Kunden zeigt: Zu 90 Prozent erfolgen solche Anfragen in einer Phase, in der schon mehrere Angebote vorliegen und die Entscheidung für einen Anbieter bereits gefallen ist. Der Einkäufer braucht lediglich noch günstige Vergleichsangebote, um in den Verhandlungen mit dem ausgewählten Anbieter den Preis zu drücken. Wenn Sie diese Strategie mit Ihren Angeboten unterstützen, verschwenden Sie Ihre Zeit. Die folgenden Gründe bewegen Auftraggeber dazu, nach einem Angebot zu fragen, obwohl von vornherein feststeht, dass wir einen Auftrag gar nicht bekommen können.

- Der Kunde will uns abwimmeln und seine Ruhe haben.
- Der Kunde hat momentan keinen Bedarf, braucht aber Informationen und Preise, für den Fall eines Falles.
- Der Kunde braucht ein Gegenangebot, um seinen Lieferanten im Preis zu drücken.
- Der Einkäufer will seinem Chef mehrere Angebote vorlegen und einen guten Eindruck machen. Die Chance für den Auftrag ist trotzdem gleich null.
- Der Einkäufer kauft immer beim gleichen Zulieferer, braucht aber für die Dokumentation eine Ausschreibung mit Gegenangeboten.
- Der Kunde hat tatsächlich Bedarf und braucht individuelle Informationen und Argumente. Nur in diesem Fall lohnt es sich, genauer nachzufragen.

(Quelle: SalesBusiness Juni 2008)

Das Ergebnis für Sie: Geben Sie nicht jeder Nachfrage blind nach, sondern schätzen Sie Ihre Chancen realistisch ein. Sie müssen immer die Spreu vom Weizen trennen. Nutzen Sie die folgenden Möglichkeiten, um die Ernsthaftigkeit solcher Anfragen zu überprüfen.

1. Rufen Sie auf jeden Fall beim Absender der E-Mail an und erkundigen Sie sich nach den Rahmenbedingungen, die für die Anfrage gelten: Welche Besonderheiten sind bei der gesendeten Ausschreibung zu beachten, und nach welchen Kriterien wird entschieden? Fragen Sie auch nach den Mitbewerbern.
2. Informieren Sie sich über die Wahrscheinlichkeit, dass Sie den Auftrag bekommen. „Lieber Kunde, damit ich einschätzen kann, in welchem Umfang ich das Angebot erstelle, möchte ich Ihnen eine Frage stellen: Wie sicher werde ich den Auftrag auch bekommen, wenn das Angebot zu Ihren Vorstellungen passt?“ Hierbei handelt es sich um eine neue Verkaufstechnik, das High Probability Selling. Es erfordert sicherlich Mut, einfach mal nicht zu einem Kunden zu fahren, wenn die Chance für den Auftrag zu gering ist, oder Geld für die Angebotsstellung zu verlangen. Wenn Sie wollen, probieren Sie diesen Weg aus.
3. Wenn sich der Nebel durch Ihre Rückfragen nicht lichtet, wenden Sie die Gegenleistungsstrategie an. „Lieber Kunde, wenn ich für Sie ein sorgfältiges Angebot erstelle, kostet mich das einen erheblichen Zeitaufwand. Schließlich investiere ich schon an dieser Stelle in eine tragfähige Geschäftsbeziehung. Was halten Sie von diesem Vorschlag? Ein ausgearbeitetes Angebot bekommen Sie von mir für xy Euro. Wenn ich den Auftrag von Ihnen bekomme, wird es mir eine Freude sein, die Investition für das Angebot mit dem Honorar zu verrechnen.“
   Und auf diese Ansage hin folgt wieder ein wichtiges dramaturgisches Element: Schweigen. Damit testen Sie aus, wie es um die Ernsthaftigkeit auf der anderen Seite bestellt ist.
4. Es gibt noch weitere Möglichkeiten, wenn es sich um größere Projekte handelt. Bieten Sie zum Beispiel einen Workshop zu einem moderaten Festpreis an, in dem Sie die konkreten Zielformulierungen zusammen mit dem Kunden erarbeiten: „Was halten Sie davon, wenn ich Ihnen kein umfangreiches, aber abstraktes Angebot schicke, sondern wir einen Workshop veranstalten? Wir klären darin die Rahmenbedingungen und Ihre Anforderungen und Ziele. Dann zeige ich Ihnen meine Lösung dafür. Welcher Termin für eine derartige Veranstaltung ist Ihnen recht?“ Auch in solchen Fällen kann man das Zuckerl der Gegenverrechnung anbieten.

Tipp
Checken Sie die Lage beim Kunden

Wenn Sie einiges an Zeit und Aufwand sparen wollen, ist es wichtig, die Ernsthaftigkeit einer Anfrage zu erkennen. Stellen Sie die folgenden Testfragen, um das herauszufinden :

- Wie weit ist die Entscheidungssituation beim Kunden fortgeschritten?
- Welches Auftragspotenzial liegt wirklich vor?
- Wie groß ist die Chance, den Auftrag zu bekommen?
- Gegen wie viele Mitbewerber muss ich anbieten?
- Was sind die wirklichen Entscheidungskriterien?
- Bekomme ich vor der Entscheidung noch die Gelegenheit für ein Gespräch oder einen Termin?

Im Gespräch

Nikolaus von Graeve ist einer der beiden Geschäftsführer von rabbit eMarketing. Das Unternehmen berät Kunden zum Thema E-Mail-Marketing und versendet in deren Auftrag Newsletter an zehn bis zehn Millionen Adressaten.

Was macht Ihre Tätigkeit aus?
Wir beraten unsere Kunden und bieten zu ihrem Bedarf passende Lösungen an. Der Kunde entscheidet dann individuell, was er im Einzelnen in welcher Größenordnung umsetzen möchte.

Was genau ist die Herausforderung dabei?
Der Gesetzgeber hat klar festgelegt: Niemandem darf man eine Werbemail zusenden ohne seine Zustimmung. Wir gehen einen Schritt weiter. Unsere Adressaten sollen sich über die Newsletter unserer Kunden freuen.

Wie sind Sie zu dieser Businessidee gekommen?
Eigentlich wie die Jungfrau zum Kind. Ich habe meinen Job gekündigt, weil ich selbständig sein wollte. Danach habe ich zunächst mehrere Businesspläne geschrieben, aber keinen wirklich umgesetzt. Bis ich mit meinem jetzigen Geschäftspartner Uwe-Michael Sinn zusammengekommen bin. Ich kannte ihn von unseren regelmäßigen Montagsspaziergängen. Er machte mir das Angebot, zur Hälfte in sein Unternehmen einzusteigen. Ich sagte zu, und damit war ich auch schon im E-Mail-Marketing tätig. Seither sorgt unsere klare Fokussierung auf das Thema Newsletter für Erfolg. In vier Jahren haben wir 35 Mitarbeiter einstellen können.

Welche Verkaufsstrategie oder Verkaufsphilosophie haben Sie?
Ich biete einem Kunden nur das an, wovon ich überzeugt bin, dass er es auch wirklich gebrauchen kann. Unsere Arbeit ist mehrfach mit internationalen Marketing-Awards ausgezeichnet worden, auch das hat viele Kunden auf uns aufmerksam gemacht.

Wie überwinden Sie den inneren Schweinehund in der Akquise beziehungsweise Kundenansprache?
Jeder kennt ihn und hat ihn. Wenn ich einen schlechten Tag habe, dann telefoniere ich auch nicht mit Neukunden. Es dürfen aber nicht zu viele schlechte Tage in Folge sein.

Zu wie viel Prozent Ihrer Tätigkeit sind Sie Verkäufer?
Oh, ich war zu 50 Prozent Verkäufer, jetzt zu 30 Prozent. Ich will auch bestehende Kunden zufriedenstellen. Wir dürfen die Bestandskunden nicht vernachlässigen, sonst wandern sie ab.

Welchen Tipp haben Sie für Dienstleister oder Existenzgründer?
Es gibt ein ganz einfaches Erfolgsgeheimnis, das Ihnen jeder erfolgreiche Existenzgründer bestätigt, wenn Sie ihn am Freitagabend zwischen 22 und 23 Uhr anrufen und konkret danach fragen: Hart arbeiten, und es funktioniert.

7. Phase vier: Was sind Sie dem Kunden wert?

„Was kostet das?" Bei dieser Frage des Kunden stockt so manchem Verkäufer der Atem. Der Kommentar „Das ist zu teuer" hingegen ist eine klare Herausforderung im Verkaufsgespräch. Wie Sie Preisgespräche souverän führen und auf Einwände Ihrer Kunden richtig reagieren, erfahren Sie in diesem Kapitel.

Im Kopf des Kunden besteht eine gewisse Vorstellung, was Ihr Angebot wert ist. Ihre Aufgabe besteht darin, diesen Wert durch eine gute Argumentation von Vorteilen und Nutzen zu erhöhen. Solange dem Kunden der Preis für Ihre Dienstleistung zu hoch ist, haben Sie es noch nicht geschafft, seine Wertvorstellung mit Ihrer Preisvorstellung in Einklang zu bringen. In der vierten Gesprächsphase, in der der Preis im Mittelpunkt steht, müssen Sie die Spannung aushalten können, die dadurch entsteht.

Grundsätzlich gilt: Wenn wir unseren Preis mit dem nötigen Selbstbewusstsein nennen, ist die Schranke etwas höher, dass der Kunde anfängt, über den Preis zu verhandeln. Zum Leidwesen vieler Verkäufer hat sich aber gerade in Preisgesprächen das Verhalten der Kunden in den letzten Jahren radikal geändert – durch viele positive Einkaufserfahrungen, zum Beispiel in Elektrogroßmärkten. Hinzu kommt, dass viele Selbständige sagen: „Die Angebote meiner Mitbewerber sind eben besser als meine. Die Kunden sehen das ja auch, und ich kann verstehen, dass sie dort kaufen. Wenn ich doch auch nur so gut und bekannt wäre."

Finden Sie diese Einstellung richtig? Sicherlich gibt es Dienstleistungsangebote, die mehr Nutzen und Vorteile bringen als andere. In vielen Fällen allerdings ist der Vorsprung nur klein. In meiner Zeit als Selbständiger habe ich es immer wieder erlebt: Alle, auch die, die so tun, als seien sie um Welten besser, kochen nur mit Wasser. Beim Verkauf geht es aber sowieso um etwas ganz anderes: Es kommt oft nicht auf das Angebot an sich an, sondern darauf, welchen Wert der Kunde erlebt. Wichtig ist, wie Sie im Gespräch den Kunden von Ihrem Angebot überzeugen. Lassen Sie mich das an einem Beispiel verdeutlichen.

In der Abbildung auf Seite 122 sehen Sie zwei Angebote: A und B. Die Höhe der jeweiligen Säule steht für Nutzen und Vorteile des jeweiligen Angebots. Die Nutzensäule von Dienstleistung A ist etwas höher als die von Angebot B. Wenn der Preis für Angebot A und B gleich ist, für welches Angebot würden Sie sich entscheiden? Sicher für Variante A.

Die Linie E zeigt die Höhe der Erwartungshaltung eines Kunden an. Diese Nutzen muss das Angebot erfüllen, das schaffen beide Varianten. Führt nun unser Kunde mit jedem Anbieter ein Gespräch, wird er sich letztendlich für das Angebot entscheiden, das aus seiner Sicht noch etwas bessere Ergebnisse erzielt als das andere. Das ist die Chance für den Anbieter B mit dem vermeintlich schlechteren Angebot. Die schraffierten Flächen zeigen an, wie viel an zusätzlichem Nutzen die jeweiligen Verkäu-

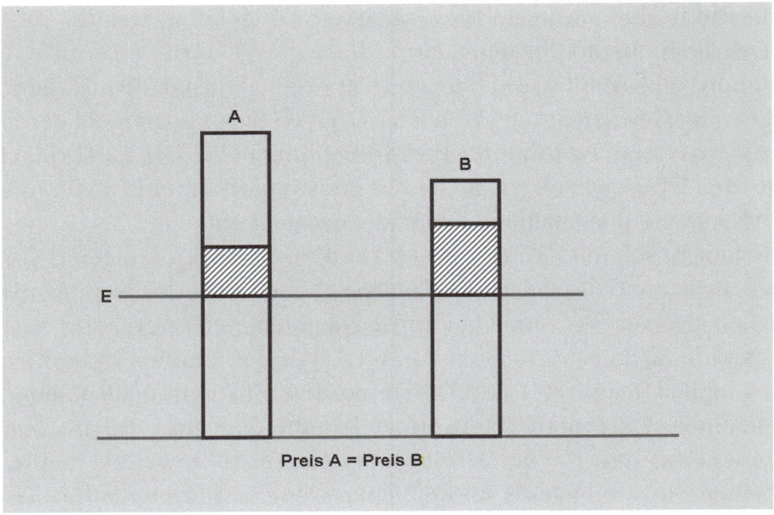

fer dem Kunden vermitteln können. Dabei schafft es Verkäufer B tatsächlich, dem Kunden etwas mehr Nutzen zu vermitteln als A, weil er durch Fragen herausgefunden hat, was dem Kunden noch fehlt. Weil der Kunde bei A keine weiteren Vorteile erkennen konnte, wird er B kaufen, weil dieses Angebot alle seine Anforderungen erfüllt, sie sogar übertrifft. Gute Verkäufer jammern nicht über ein schlechtes Angebot, sondern finden durch eine gute Fragestrategie die für den Kunden wichtigen Nutzen heraus. Wer so vorgeht, kann sich gegen das vermeintlich bessere Angebot durchsetzen.

Welche Faktoren bestimmen den Preis?

Neulich, als ich wieder einmal mit der Bahn von einem Training nach Hause fuhr – erster Klasse – hatte ich die Freude, folgende Szene miterleben zu dürfen. Die Geschichte habe ich nicht erfunden, sie ist tatsächlich so passiert.

Eine Mitarbeiterin der Bahn fragt mit gekünstelter Freundlichkeit einen Gast: „Darf ich Ihnen etwas von unserem leckeren Angebot bringen?"

„Ich hätte gerne eins von diesen schönen Käsebrötchen", sagt der ältere Herr mit fester Stimme.

„Das habe ich nicht. Das ist nicht auf der Karte", so die noch freundliche Antwort.

„Ich hätte aber gerne ein Käsebrötchen."

„Das kann ich nicht machen."

„Ich habe aber auf meinen letzten Fahrten bestimmt 30-mal ein Käsebrötchen bekommen."

„Aber ich kann es Ihnen heute wirklich nicht bringen. Es ist nicht auf der Karte."

„Aber Ihre Kollegen konnten es mir bringen."

„Schauen Sie, ich darf das nicht. Und ich liebe meinen Job. Und den will ich behalten. Deswegen kann ich Ihnen kein Käsebrötchen bringen."

„Dann fragen Sie bitte den Restaurantchef, ob er es nicht machen kann."

„Nein, das bin heute ich. Ich darf nicht. Ich habe Ihnen schon gesagt, dass ich meinen Job liebe und ihn auch behalten möchte." Ihre Stimme ist schon sehr bestimmt.

„Sehen Sie denn gar keine Möglichkeit, ein Käsebrötchen für mich zu bekommen?"

„Nein, eigentlich nicht. Das Einzige, was ich Ihnen bringen kann, ist ein Brötchen, eine Butter extra und eine Portion Käse aus dem Frühstücksangebot. Das Brötchen müssen Sie sich dann aber selbst machen!"

„Sehen Sie, es geht doch. Und das Brötchen mache ich mir selbst."

„Ja, das kostet Sie aber einiges mehr."

„Das bezahle ich Ihnen gerne."

„Na gut."

Nach einigen Minuten kommt die Servicekraft wieder: „So, hier ist Ihre Bestellung. Das kostet 7,50 Euro."

„Na sehen Sie. Wir haben uns doch gut verstanden."

Kaum zu glauben, oder? Neben vielen kleinen Punkten, wie der Dialog als Verkaufsgespräch hätte besser geführt werden können, finden wir hier ein ganz bestimmtes Phänomen, das in Preisgesprächen immer wieder zum Tragen kommt. Viele Anbieter finden ihr eigenes Produkt oder ihre Dienstleistung zu teuer und ziehen gar nicht in Erwägung, dass der Kunde für eine Erweiterung sogar noch mehr zu zahlen bereit ist, wenn seine Wünsche erfüllt werden. So kommt natürlich keine Überzeugung auf. Wenn die Inhaberin einer Buchhandlung sich entschuldigt, dass es ein Buch noch nicht als Taschenbuch gibt, oder ein Unternehmensberater seine eigene Leistung als wesentlich weniger wert erachtet, als seine Kunden dafür bezahlen sollen, dann strahlen diese Menschen das gegenüber dem Kunden aus. Der spürt das und wird auf die Idee kommen, über den Preis zu verhandeln, wenn nichts dagegen spricht. Denken Sie nach: Wie viel sind Sie sich und Ihren Kunden wert? Sind Sie mit Ihren eigenen Preisen im Reinen, und strahlen Sie das auch aus?

Je nachdem, ob Sie gerade in der Gründungsphase oder schon einige Zeit selbständig sind: Sie haben sich sicherlich viele Gedanken über Ihre Preisstruktur gemacht oder tun es gerade (wieder). Dabei will ich Ihnen helfen. Sehen Sie sich die Zusammensetzung Ihrer Preise einmal aus der Entfernung an. Wenn Sie sich alle Komponenten Ihres Preises bewusstmachen, ist das gut für Ihr Selbstwertgefühl und die Beziehung zum eigenen Preis. Das reicht aber noch nicht: Reden Sie auch mit Ihrem Kunden darüber. Denn was der Kunde nicht weiß, wird ihn auch nicht interessieren. Wir werden nun die Puzzleteile genauer betrachten, aus denen sich der Preis zusammensetzt.

*Produkt: S*icherlich sind das Produkt oder die Dienstleistung selbst und die damit verbundenen Nutzen der zentrale Punkt für die Preisgestaltung.

Qualität: Für viele Kunden ist die Qualität sehr wichtig, wenn sie eine Kaufentscheidung treffen. Dazu gehören Aspekte wie Zuverlässigkeit, Wartungshäufigkeit, Verarbeitung, Haltbarkeit, Innovationsgrad und Stellung im Wettbewerb.

Garantie: Gerade bei hohen Investitionen möchte der Kunde die Sicherheit einer umfassenden Garantie genießen. Zu diesem Punkt gehören auch die Bereitstellung und Logistik von Ersatzteilen, Servicehotlines oder das Verhalten in Kulanzfällen.

Logistik: Für den Kunden können Fragen der Logistik entscheidend für die Auftragserteilung sein. Besonders in der industriellen Fertigung und der Just-in-time-Produktion muss die zeitgerechte Bereitstellung der richtigen Menge am richtigen Ort gewährleistet sein. Pünktliche Lieferzeiten sind für alle Dienstleistungen und Produkte ein entscheidendes Kaufkriterium. Denken Sie nur an die teilweise unendlichen Projektzeiten von IT-Implementierungen.

Konditionen: Zahlungsziel, Valuta, Skonto und Versandkosten sind für jeden kaufmännisch denkenden Menschen eine kleine Chance, etwas weniger für einen Auftrag zu bezahlen. Vielerorts werden Jahreskonditionen oder Rahmenverträge vereinbart, die für beide Seiten Vorteile beinhalten.

Service: Drei von vier Unternehmern sagen, dass sie durch ihren guten Service ein Unterscheidungsmerkmal bieten können. Machen Sie sich einmal Gedanken, welche Einzelleistungen bei Ihnen unter den Oberbegriff Service fallen. So schaffen Sie die Voraussetzung, Ihren Kunden eindringlich zu verdeutlichen, was Sie zu bieten haben. Damit können Sie in harten Preisverhandlungen einiges an Boden gutmachen. Zum Service gehört auch die Betreuung des Kunden nach dem Kauf, so können Sie sich die Chance für Folgeaufträge schaffen.

Das Image: Für Image (besonders das eigene) und gute Marken geben Kunden noch immer etwas mehr Geld aus als für die Angebote von Dienstleistern ohne Namen. Wie ist der Bekanntheitsgrad Ihrer Marke? Wie bekannt sind Sie – zumindest in Ihrer Branche? Welches Image haben die Dienstleistungen, die Sie verkaufen? Strahlt Ihr Angebot die nötige Kompetenz aus?

Referenzen: Referenzkunden und Erfolgsstorys können die gesamte Nutzenargumentation in einem Verkaufsgespräch ersetzen. Versuchen Sie, dem Kunden das Gefühl zu vermitteln: Das muss ich auch haben. Diese tollen Vorteile meiner Konkurrenz will ich auch genießen.

Werbematerial und Internetauftritt: Die Gestaltung und Anmutung Ihrer Kundeninformationen kann einen wichtigen Einfluss auf die Wertigkeit Ihres Angebots haben. Verkaufen Sie Ihre Produkte, indem Sie sie von ihrer glänzendsten Seite zeigen.

Promotion und Akquise: Rechnen Sie auch den Zeitaufwand für Kundengewinnung in Ihren Preis mit ein. Wenn Sie nur die Arbeitszeit für den Kunden berechnen, sinkt der Gesamtstundensatz drastisch.

Training und Weiterbildung: Wie viele Tage im Jahr wenden Sie für Ihre Weiterbildung auf? Auch Ihre Bemühungen, um neues Wissen und Fähigkeiten zum Nutzen des Kunden zu sammeln, machen einen Teil Ihrer Wertschöpfung aus.

Berufserfahrung und Fachwissen: Gerade als Dienstleister macht dieser Bereich einen wichtigen Teil Ihrer Preisgestaltung aus. Je mehr Sie als Experte mit Erfahrung gelten, umso mehr müssen Sie verlangen. Machen Sie Ihre eigene Kernkompetenz interessant für Ihre Kunden.

Der Verkäufer: Ihre Persönlichkeit ist ein ganz zentraler Punkt für den Preis Ihres Angebots. Viele Ihrer Kunden werden Sie beauftragen, weil Sie Sie sind und eben nicht jemand anderes. Das ist vielen Kunden einiges an Geld wert. Ihre gute Vorbereitung, Ihre guten Fragen und Ihr kompetentes Auftreten spielen bei der Wertigkeit Ihres Angebots eine entscheidende Rolle. Wer dem Kunden Geld und Vorteile bringen will, muss allerdings auch nach Geld aussehen. Nur dann ist der Kunde bereit, Geld auszugeben. Das bedeutet auch, sich angemessen zu kleiden. Die Erfahrung hat gezeigt, dass es gut ist, immer einen Tick besser angezogen zu sein als der Kunde.

Welche Faktoren können bei der Preisgestaltung noch eine Rolle spielen? Beratungsleistungen, Entwicklung, individuelle Lösungen, Prozesskompetenz, Schnelligkeit, Flexibilität, Innovationen, Kreativität usw. Schreiben Sie auf, was Sie noch an preis-werten Faktoren zu bieten haben.

Wie Sie den Preis ins Spiel bringen

Der Preis wird normalerweise im Rahmen der Angebotspräsentation genannt. Packen Sie ihn deshalb für den Kunden auch schön ein und versuchen Sie, eine weitere Werterhöhung im Kopf des Kunden zu erreichen. Bevor Sie also den Preis nennen, wiederholen Sie nochmals die wichtigsten Angebotsmerkmale. Außerdem sollten Sie beachten: Ihr Produkt „kostet“ nicht. Die Produkte der Konkurrenz „kosten“ etwas. Ihr Angebot „bekommt“ der Kunde. Oder er „investiert“ in Ihre Leistung. Auch hier ist die Wortwahl entscheidend. Vergessen Sie nach der Nennung des Preises nicht, weitere Vorteile oder Servicepunkte anzuführen. Beispiel: „Die von Ihnen gewünschte Installation des ganzen Softwarepakets mit den vier Variationen und einen Einführungsworkshop bekommen Sie für 3.500 Euro. In diesem Paketpreis ist zusätzlich eine Einführung für Ihre Mitarbeiter sowie unser Service enthalten. Das bedeutet für Sie eine Hotline für ein Jahr kostenlos und einen 24-Stunden-vor-Ort-Reparaturservice.“

Es kann auch vorkommen, dass die Preisfrage vom Kunden in Bezug auf Ihre geplante Gesprächsdramaturgie zu früh kommt. Dann können Sie etwa antworten: „Sehen Sie, lieber Kunde, wir haben Angebote von 1.500 bis 7.000 Euro. Bevor ich Ihnen einen für Sie passenden Preis nennen kann, lassen Sie uns doch erst einmal zusammenstellen, was Sie genau benötigen. Ich werde Ihnen dann ein auf Ihre Bedürfnisse abgestimmtes Angebot machen. Einverstanden? Darf ich Ihnen jetzt noch einige Fragen stellen?“

Die Sandwich-Technik

Bewährt hat sich in Preisgesprächen die Sandwich-Technik. Wie ein schönes Geschenk wird der Preis für eine Leistung dabei von oben und unten umschlossen. Das heißt die Vorteile, die Nutzen sowie die Herausforderungen samt Lösung werden vor und nach dem Preis genannt. Statt zum Kunden zu sagen: „Die Tagungstechnik mit Verpflegung kostet Sie 20 Euro“ würden Sie dann so formulieren: „Gerne empfangen wir Sie in unserem Tagungsraum mit Pausenlounge. Als Catering bieten wir Ihnen an: Wir begrüßen Sie mit Kaffee und Butterbrezeln. In der Frühstückspause gibt es Obst, Joghurt und Getränke. Mittags werden Sie neben Getränken mit chinesischer und indischer Küche beliefert. Nachmittags genießen Sie dann unsere italienischen Kaffeespezialitäten, Tee und Kuchen. Das bekommen Sie für 37 Euro pro Person. Darin enthalten ist auch die Tagungstechnik wie Beamer, Flipchart, Moderationsmaterial und die Raummiete. Welche Sonderwünsche können wir Ihnen noch erfüllen?"

Was passiert hier? Es wird ein buntes Bild des Gesamtangebots dargestellt. Das ganze Angebot kann der Kunde für einen angemessenen Preis bekommen. Die Frage am Ende zielt eindeutig auf eine professionelle Wunscherfüllung und Zusatzumsatz ab. Und wenn der Kunde weniger bezahlen will, dann lässt sich einfach darüber reden, auf welche Leistungen er verzichten möchte.

Ist der Kunde Unternehmer oder (Ein-)Käufer?

Für Verhandlungen in Preisgesprächen ist eine weitere Frage wichtig: Gibt der (Ein-)Käufer sein eigenes Geld aus, oder ist es „nur" das Geld seiner Firma, bei der er arbeitet? Für einen Unternehmer ist eine Geldentscheidung mit ganz anderen Emotionen und inneren Prozessen verbunden als für einen Angestellten. Da schwingt auch schon mal die Angst mit, durch falsche Investitionen die eigene Firma zu schädigen.

Dem angestellten Einkäufer geht es dagegen vor allem um persönlichen Erfolg, Image und den Ruf, für das Unternehmen etwas herausgeholt zu haben. Schließlich muss er ja sein Verhandlungsergebnis dem Chef verkaufen, und vielleicht hat er sogar eine Belohnung in Aussicht: das Erreichen von Jahreszielen, ein Lob oder eine Prämie.

Welche Einwände Sie ernst nehmen sollten – und welche nicht

Der anständige Kunde, der einfach den angebotenen Preis akzeptiert, stirbt aus. Aufgrund der guten Erfahrung, wenn man nach besseren Preisen fragt, und der Berichterstattung in den Medien gehört es jetzt geradezu zum guten Ton, über gezielt positionierte Einwände Preisnachlässe auszuhandeln. In den USA gibt es sogar schon professionelle Telefonagenten, die bereits erteilten Aufträgen hinterhertelefonieren, um nochmals einen kleinen Nachlass herauszuschlagen. Der Jahresumsatz solcher Nachverhandler liegt oft über einer Million Dollar. In vielen Fällen reicht es schon, dem Kunden einfach seine Standfestigkeit zu beweisen und nochmals deutlich zu machen, dass Sie ihm den äußersten verhandelbaren Preis genannt haben. Lassen Sie sich nicht zu schnell ins Bockshorn jagen, nur um nicht den Auftrag zu verlieren. Der Verkaufstrainer Martin Limbeck geht mit Fragen nach einem besseren Preis folgendermaßen um: „Herr Kunde, können wir uns darauf einigen, dass ich auch diesen Teil des Preisgesprächs gewonnen habe? Einverstanden? Wann wollen Sie, dass ich Ihre Mitarbeiter motiviere?“ Dieses Beispiel mag aggressiv klingen, ist aber durchaus professionell und wirkungsvoll.

Wenn es um Einwände geht, spielen Sie mit dem Kunden das beliebte Spiel „Kampf der Motive“, und dazu haben Psychologen herausgefunden: Je unbewusster die Prozesse bei der Entscheidungsfindung ablaufen, desto wirkungsvoller sind sie. Das ist sicher ganz schön heftige Kost für alle Anhänger von rationalen Entschlüssen. Die Entscheidung ist meistens schon längst gefallen, bevor sich der Verstand überhaupt einschaltet. Interessant ist, dass nicht alle der inneren, unbewussten Prozesse von Emotionen gesteuert werden. Für viele Entscheidungen sind daher nicht nur unsere Gefühle verantwortlich, sondern durch unser gespeichertes, unbewusstes Wissen und die Anwendung von Faustregeln können auch komplexe Informationen sehr viel schneller verarbeitet werden, als es mit dem rationalen Denken möglich ist.

Ein weiterer wichtiger Aspekt: Menschen regulieren ihre Informationsverarbeitung und ihr Verhalten nach den Zielen, die sie in sich tragen. Also auf zur Zielforschung! Um Ihre eigenen inneren Programme aufzudecken, möchte ich Sie zu einer kleinen Übung einladen. Beantworten Sie bitte sofort und spontan die Frage: SCHOKOTORTE oder OBSTSALAT?

Jetzt mal ehrlich, Ihnen ist doch als Erstes auch das Bild der Schokotorte in den Kopf geschossen. Das wäre Ihre spontane Entscheidung gewesen. Und nun wird es interessant. Hat sich bei Ihnen danach vielleicht folgender Gedanke eingeschlichen? „Darf ich das wirklich? Schokotorte ist doch ungesund! Wolltest du nicht abnehmen? Eigentlich solltest du dich für den gesunden Obstsalat entscheiden.“ Sollten Sie zuerst den Obstsalat gewählt haben, so zeigt das, dass Sie in Ihren Entscheidungssystemen andere Programme verinnerlicht haben, die Ihnen dabei helfen, eine Entscheidung zu treffen. Die Entscheidung richtet sich also an Genuss oder Vernunft aus. Die gleiche Verhaltensweise kennen wir von den sogenannten Impulskäufen, wenn wir uns etwas Gutes tun oder uns selbst aufmuntern wollen. Letztendlich hat die Entscheidung des Kunden immer damit zu tun, ob er sich etwas gönnen möchte oder doch lieber vernünftig bleibt.

Hinzu kommt eine andere Dimension der Zielorientierung. Hier sind ebenfalls zwei Richtungen zu unterscheiden:

- Entscheidungen mit dem Ziel, etwas zu vermeiden: Ich weiß, was ich nicht will.
- Entscheidungen mit dem Ziel, einen gewünschten Zustand herbeizuführen: Ich weiß, was ich will.

Für Ihre Verkaufsgespräche bedeutet das: Überlegen Sie sich für beide Fälle Nutzen und Vorteile. Wie können Sie Ihren Kunden helfen, gewisse Zustände oder Ergebnisse zu vermeiden oder einen erwünschten Zustand herbeizuführen? Eine mögliche Frage ist: „Was würde geschehen, wenn Sie mein Produkt/Angebot nicht in Anspruch nehmen?“ Formulieren Sie dazu Ihre eigenen Gedanken.

Welche Ziele könnte ein Kunde mit meinem Angebot verfolgen? Welche Ergebnisse wünscht er sich?

Welche Ergebnisse will der Kunde durch mein Angebot vermeiden?

Diese Informationen können Sie wieder in gute offene Fragen verpacken. Mit diesen führen Sie den Kunden dann zu der Erkenntnis, dass Ihre Leistung oder Ihr Produkt sein Problem lösen wird.

Was will der Kunde bezahlen? – Fragen Sie ihn

Wenn Sie erfahren wollen, wie viel Geld dem Kunden Ihr Angebot wert ist, kann manchmal folgende Vorgehensweise helfen: Zeichnen Sie gemeinsam mit dem Kunden ein Bild Ihres Angebots auf und fragen Sie ihn dann: „Was ist Ihnen das wert? Was möchten Sie dafür ausgeben?" Und das kann dann passieren:

- Der Kunde nennt ungefähr Ihren Preis. Wunderbar, gleich eine Vereinbarung treffen.
- Der Kunde nennt einen höheren Preis. Noch besser, Sie können ihm ein wenig entgegenkommen und vielleicht noch etwas an Leistung dazugeben. Der Auftrag ist jedenfalls sicher.
- Der Kunde sagt einen deutlich niedrigeren Preis an, als Sie verlangen müssen. Ein Schock? Nein. Denn jetzt wissen Sie wenigstens, welche Preisvorstellung der Gesprächspartner hat. Diese Information hilft schon. Stellen Sie dann cool und ohne Regung eine Zusatzfrage: „Na, jetzt mal im Ernst?" Ein Kunde, der mit Ihnen tatsächlich ein Geschäft machen will, wird einlenken und Ihnen zu verstehen geben, dass er über einen höheren Preis diskutieren wird. Hält der Kunde seine Vorstellung für gerechtfertigt, können Sie anfangen, mit ihm zu überlegen, worauf er verzichten kann, oder Sie beenden das Verkaufsgespräch.

Im Gespräch

Karsten Pfeifer, selbständig mit der Firma Pfeifer Photography, macht und verkauft Produktfotos und Porträts.

Was genau ist die Herausforderung bei Ihrer Arbeit?
Meine Produktfotos müssen so gut gestaltet sein, dass Endverbraucher diese Produkte dann auch gerne kaufen wollen. Bei den Porträts ist die

Herausforderung, einen sehr guten Kontakt zu den Menschen herzustellen, sodass sich die Persönlichkeit der fotografierten Person auch im Bild widerspiegelt.

Welche Probleme gibt es für Sie im Verkauf? Können Sie dazu bitte ein Beispiel nennen?
Was bei uns häufig vorkommt, ist folgende Situation: Kunden rufen an und fragen: „Was kostet ein Foto?“ Es gibt aber verschiedenste Ausführungen zu verschiedenen Preisen. Da ist es sehr wichtig, erst herauszufinden, was der Kunde genau will und was er braucht. Ich erfasse das und bespreche es.
Einen Preis stelle ich nicht so einfach in den Raum. Im Angebot stehen dann jeweils genau die Rahmenbedingungen, die für den Einzelfall ausschlaggebend sind. Doch oftmals bleibt es nicht dabei, was im Vorhinein vereinbart wurde. Der Leistungsumfang wird größer, und durch mein ausführliches Angebot ist das Gespräch über den höheren Preis wesentlich einfacher.

Welche Verkaufsphilosophie haben Sie?
Ich sag mal so: Die Verkaufsphilosophie definiert sich über die Art und Qualität der Fotos. Wir sind führend in der technischen Qualität und befinden uns im oberen Segment der Fotostudios. Wir sprechen über unsere Qualität, allerdings wird eine gute technische Ausrüstung auch vorausgesetzt. Dann zeigen wir auf, wie gute Fotos unseren Kunden beim Verkaufen helfen.

Wie überwinden Sie den inneren Schweinehund bei der Kundenansprache?
Ja, den habe ich auch! Wenn ich merke, dass wieder Neukundenakquise angesagt ist, kostet es mich echte Überwindung, zum Telefonhörer zu greifen. Ich gehe dann auch mal andere Wege, etwa über Netzwerke und bitte um Empfehlungen. Und schließlich gelingt mir doch der Griff zum Hörer, und ich rufe an.

Zu wie viel Prozent Ihrer Tätigkeit sind Sie Verkäufer?
Zu 50 Prozent.

Welchen Tipp haben Sie für andere Dienstleister oder Existenzgründer?
Verkaufen darf nicht unterschätzt werden. Ich habe am Anfang gedacht: Wenn ich gut fotografieren kann, läuft der Rest von alleine. Das ist aber nicht so. Es ist eher umgekehrt. Wer sich nicht ums Verkaufen kümmert, ist nicht erfolgreich. Wer in der Lage ist, seine durchschnittliche Qualität gut zu verkaufen, wird erfolgreicher sein. Wir sind jetzt in beiden Bereichen gut aufgestellt. Würde ich mit einem neuen Studio anfangen, würde ich den Bereich Verkauf und Marketing ganz weit in den Vordergrund stellen.

Elf bewährte Strategien für Ihre Preisverhandlungen

Es gibt eine ganze Reihe von Strategien, mit denen Sie souverän auf Rabattforderungen von Kunden reagieren können. Die elf besten stelle ich Ihnen an dieser Stelle vor.

1. Setzen Sie sich ein Preisziel

Grundvoraussetzung für ein gutes Preisgespräch ist es, eine klare Vorstellung von dem Preis zu haben, den Sie erzielen wollen. Legen Sie eindeutig fest, zwischen welcher Ober- und Untergrenze sich Ihr Preis bewegen darf. Das beinhaltet auch eine Schmerzgrenze, die Sie auf keinen Fall unterschreiten. Erfahrene Gesprächspartner erkennen an Ihrer Körpersprache Schwachpunkte oder fehlende Standhaftigkeit und werden dies bei der Verhandlung ausnutzen.

Wenn Sie ein festes Preisziel verinnerlicht haben, werden Sie eine klare Sprache wählen. Ihre Stimme wird bestimmter, auch die unbewusste Körpersprache richtet sich danach und wird eindeutiger. Nutzen Sie diesen Effekt, damit Sie das ausstrahlen, was Sie kommunizieren möchten.

2. Erhöhen Sie den Wert Ihres Angebots durch einen USP und Markenbildung

In Geld ist eine gute Marke selten zu bewerten, denn der Wert einer Marke entsteht immer im Kopf des Käufers. Indem Sie dem Kunden gegenüber Ihre Marke etabliert und klare Unterscheidungsmerkmale vermittelt haben, steigern Sie den Wert Ihres Angebots. Dafür ist der Kunde auch bereit zu bezahlen. Ihre Positionierung sorgt für Vertrauen beim Kunden. Ist er bei seiner Entscheidung noch im Zweifel, können Sie die notwendige Sicherheit geben.

3. Bringen Sie durch die richtigen Fragen Licht in das Dunkel der Preisvorwände

Besonders im Preisgespräch müssen Sie viele Einwände hinterfragen. Welche Aussage steckt hinter dem Gesagten? Was ist die Botschaft? Mit den richtigen Fragen können Sie feststellen, ob hinter dem Einwand des Kunden tatsächlich ernsthafte Bedenken oder nur ein Vorwand steckt. Erst mit dieser Information können Sie die weitere Vorgehensweise planen.

4. Wenn Sie bereit sind, etwas für den Kunden zu tun, dann soll er auch eine Gegenleistung erbringen

Sind Sie dem Kunden beim Preis entgegengekommen, dann können Sie guten Gewissens erwarten, dass er auch für Sie etwas tut. Wenn Sie ihm einen Nachlass gegeben haben, könnte der Kunde beispielsweise den Auftrag noch heute erteilen, eine Anzahlung leisten oder gleich einen Folgeauftrag miterteilen.

5. Lob ist der direkte Weg in die emotionale Entscheidungswelt des Kunden

Ein Sprichwort sagt: Beifall ist das Brot des Schauspielers. Versuchen Sie, Ihren Kunden für seinen guten Geschmack zu loben, die Zusammenarbeit als angenehm darzustellen, ihm zu seiner Entscheidung zu gratulieren oder seine Verhandlungskunst zu bewundern. Indem Sie die Beziehungsebene stärken, stärken Sie auch die Kundenbindung. Dadurch vermeiden Sie, dass die Nachlassforderung allzu hoch oder allzu scharf ausfällt.

6. Geben Sie einer Preisverhandlung eine neue Wendung durch ein überraschendes Manöver oder einen Bluff

Beim Verkaufen können Sie diese Kunst bestens einsetzen, besonders wenn sich das Gespräch bisher noch nicht in die von Ihnen gewünschte Richtung entwickelt hat. Günstig ist es, wenn Sie dann so tun, als ob das Gespräch fast schon beendet wäre, Sie aber noch einen Trumpf im Ärmel haben, den Sie jetzt wirkungsvoll ausspielen können. Ob Ihr Kunde nun gerade gehen will oder Sie dabei sind, den Raum zu verlassen, Sie können die Situation dramaturgisch gestalten: „Oh, da ist mir gerade etwas eingefallen, was wir beide in unserem Gespräch noch nicht berücksichtigt haben. Geben Sie mir noch zwei Minuten Zeit? Sie haben doch gesagt, dass Sie auch im nächsten Jahr eine ähnliche Aktion planen. Wenn wir jetzt schon über beide Projekte reden, kann ich Ihnen sicher ein Angebot machen, das Ihnen noch besser gefällt.“

7. Führen Sie Ihrem Kunden Ihr Serviceangebot vor Augen, damit es umso wertvoller wird

Haben Sie sich schon einmal gründlich Gedanken darüber gemacht, welchen Service Sie anbieten? Haben Sie eine Liste aller Punkte, die zu Ihrem Angebot gehören? Machen Sie sich klar, dass Serviceleistungen keine Selbstverständlichkeit sind. Ihre Aufgabe im Verkaufsgespräch ist es herauszufinden, welche dieser Leistungen dem Kunden wichtig sind und was er bereit ist, dafür auszugeben. Heben Sie besondere Bestandteile deutlich hervor. Serviceorientierte Unternehmer bestätigen immer wieder, dass ihr Erfolg damit zusammenhängt, ihren Service zum richtigen Preis zu verkaufen. In der Servicewüste Deutschland können Sie dadurch ein weiteres Unterscheidungsmerkmal schaffen. Und: Sie müssen dann auch darüber reden!

8. Sehen Sie das Verkaufsgespräch als Strategiespiel

Das Bild vom kleinen Wassertropfen, der einen Stein aushöhlen kann, soll Ihnen die Motivation geben, immer wieder weiterzumachen und nicht vorschnell aufzuhören. Auch viele kleine Schritte bringen Sie letztendlich ans Ziel. Allein aus Ihrem Willen heraus, die Verkaufsgespräche positiv zu beenden, können Sie eine Strategie entwickeln. Sehen Sie Preisgespräche wie ein Strategiespiel, das Spaß macht. Für jedes Verkaufsgespräch können Sie sich aus den einzelnen Vorgehensweisen eine neue Gesamtstrategie zusammenstellen.

9. Menschen wollen Geschichten hören und sind bereit, dafür zu zahlen

Geschichten rund um Ihr Angebot lassen im Kopf des Kunden Bilder entstehen, in denen er sich und seine Wunscherfüllung durch Ihr Angebot sehen kann. Geben Sie dem Kunden das Gefühl, dass er etwas Besonderes ist. Inszenieren Sie ihm die Erfüllung seiner Wünsche als eine Bescherung, die er woanders nicht bekommt. Damit erhöhen Sie den Wert Ihres Angebots für den Kunden. Um Sicherheit darüber zu erhalten, richtig gewählt zu haben, sieht sich der Kunde gerne in einer Reihe anderer Menschen und Unternehmen, die die gleiche Entscheidung getroffen haben. Erzählen Sie daher von erfolgreichen Referenzprojekten und zufriedenen Kunden.

10. Ihre Intuition sagt Ihnen, welches kleine Extra der Kunde sich noch wünscht

Gerade im Preisgespräch ist es wichtig, dass Sie ein gutes Gespür dafür haben, an welchem Punkt des Entscheidungsprozesses der Kunde gerade angelangt ist. Trainieren Sie Ihre Beobachtungsgabe und das Aufspüren von Signalen des Kunden. Entwickeln Sie Ihr Gefühl zu sehen, wann der Kunde kaufen möchte. Gut ist es, wenn Sie auch erkennen, welches Argument dem Kunden in einem bestimmen Moment weiterhelfen kann. Vielleicht braucht er eine kleine Zugabe von Ihnen. Geben Sie dem Kunden dann möglichst noch ein kleines Extra, ohne von Ihrem genannten Preis abzuweichen. Der Kunde hat einen weiteren Vorteil, und Sie konnten Ihren Preis durchsetzen.

11. Umleitungen nutzen: So kommen Sie auf neuen Wegen zum Ziel

Kunden haben die Eigenart, immer wieder nach dem Preis zu fragen. Darauf steuern sie immer direkt zu. Oft kommt diese Frage schon ganz am Anfang des Verkaufsgesprächs. So früh über den Preis zu reden, kann für Sie nicht von Interesse sein. Denn das hat den Nachteil, dass Sie noch keine Werterhöhung im Kopf des Kunden einleiten konnten. Ihr Ziel beim Verkaufen sollte es sein, einen Preis erst zu nennen, wenn Sie dem Kunden alle Vorteile, Nutzen und Unterscheidungsmerkmale vermittelt haben. Wollen Sie sich vom Thema Preis erst noch einmal entfernen, können Sie die Umleitungstaktik nutzen. Fragen Sie den Kunden zum Beispiel, was ihm neben dem Preis noch wichtig bei seiner Entscheidung ist oder nach welchen Kriterien er einkauft. Auf diese Weise bekommen Sie zusätzliche Argumente, die Sie im weiteren Verlauf des Preisgesprächs sinnvoll einsetzen können.

Tipp
Treiben Sie Sport

Der Erfolg beim Verkaufen hängt ganz massiv von der eigenen Einstellung und Ausstrahlung ab. Je dringender wir einen Auftrag brauchen, umso angespannter und verkrampfter sind wir. Kunden haben ein ganz empfindliches Radarsystem, mit dem sie wahrnehmen, was in Ihnen vorgeht. Statt Charisma strahlen Sie dann Misserfolg aus. Es passiert, was passieren muss: Den Auftrag bekommt schon wieder jemand anderes. Umgekehrt kann es vorkommen, dass wir weder einen Auftrag brauchen noch erwarten. Oft haben wir dann ganz leicht und ohne Anstrengung Erfolg. Wenn Sie in Akquise- und Verkaufssituationen häufig eine Verspanntheit bemerken, gibt es ein Rezept, dass Ihnen sicher helfen wird: Treiben Sie regelmäßig Sport. Gehen Sie ins Fitnessstudio, laufen Sie, walken Sie oder hacken Sie Holz, bevor Sie wieder einen Kunden treffen. Sie werden merken: Das macht Sie locker und lässt Sie an etwas anderes denken. Danach geht es Ihnen besser und Sie wirken wieder positiv auf Ihre Gesprächspartner.

Die 18 häufigsten Preiseinwände und wie Sie damit umgehen

Der Kunde bringt im Verkaufsgespräch einen der folgenden Vorwände an: keine Zeit, brauche ich nicht, kein Geld. Sie können darauf folgendermaßen reagieren, damit er Ihnen doch gut zuhört: „Schön, dass Sie das gleich so offen sagen. Mal davon abgesehen: Was tun Sie denn sonst dafür, das beste Preis-Leistungs-Verhältnis zu bekommen? Was uns besonders macht, ist …“ Sie nennen Ihr Argument und dann folgt eine gekonnte Pause. Geben Sie sich und dem Kunden die Chance, noch einmal die Tür zu öffnen!

Auch wenn es um Einwände geht, bestätigt sich wieder einmal, dass in verschiedenen Branchen nicht unbedingt alles ganz anders sein muss. Über alle Berufsgruppen hinweg werden immer wieder die gleichen Einwände vorgebracht, um über einen besseren Preis zu verhandeln. Die passenden Reaktionen hierzu, die ich Ihnen im Folgenden vorstelle, habe ich im Verlauf der letzten Jahre gesammelt. Sie sollen Ihnen als Ausgangspunkt für Ihre eigenen Formulierungen dienen. Verändern Sie die Musterantworten so, dass sie in Ihr Sprachmuster und zu Ihrer Branche passen. Bei den Fragen achten Sie peinlich genau darauf, dass aus offenen nicht plötzlich geschlossene Formulierungen werden. Lassen Sie sich von der Zuordnung mancher Fragen nicht irritieren. Manchmal ist es einfach sinnvoll, einen Themenwechsel zu erzwingen.

1. „Ihr Angebot ist zu teuer."

- Der von Ihnen gewählte Leistungsumfang ist nicht preiswert, aber diese Investition wert.
- Wie kann ich Ihnen helfen, Kosten zu optimieren?
- Welche Auswirkungen wird es haben, wenn Sie nicht investieren?
- Womit vergleichen Sie mein Angebot?
- Darf ich Sie fragen: Im Verhältnis wozu ist Ihnen das zu teuer?
- Zuerst darf ich Sie zu Ihrem guten Geschmack beglückwünschen. Da haben Sie sich wirklich für mein bestes Angebot entschieden.
- Ich versichere Ihnen, dass Sie mit dieser Entscheidung in kürzester Zeit ein Mehrfaches der Investition eingespielt haben.

2. „Bei der Konkurrenz bekomme ich mehr Rabatt."

- Gut, dass wir darüber sprechen. Was hat Ihnen an meiner Beratung gefallen?
- Warum meinen Sie, dass diese Firma so hohe Nachlässe geben muss?
- Welche Gründe sprechen aus Ihrer Sicht für mein Angebot?
- Wie unterscheiden wir uns im Service und der Betreuung von den anderen?

3. „Ich habe ein besseres Angebot von einem Ihrer Wettbewerber."

- Bei welchen Mitbewerbern in meiner Liga haben Sie denn bisher angefragt?
- Worauf legen Sie beim Kauf noch wert?
- Bei welcher Firma haben Sie sich denn schon informiert?
- Vom wem haben Sie schon ein Angebot?
- Wollen wir einmal die Kalkulation gemeinsam vergleichen? Nur um sicherzugehen, dass auch nichts vergessen wurde.

- Wo bekommen Sie eine solche Beratung und einen solchen Service wie bei mir?
- Was gefällt Ihnen denn an meiner Beratung?
- Geben Sie mir persönlich die Gelegenheit, Ihnen auch in Zukunft zu beweisen, dass ich der richtige Geschäftspartner für Sie bin.
- Es ist sehr gut, dass Sie sich bei einer solchen Entscheidung gründlich informieren. Das zeigt, wie wichtig Ihnen die Sache ist. Welche Vorteile haben Sie, wenn Sie sich für mich entscheiden?
- Sie sagten, unsere individuelle Lösung gefällt Ihnen besonders gut. Haben Sie sich schon Gedanken gemacht, wie Sie dadurch Ihren Kundenservice verbessern werden? Was werden Ihre Kunden sagen?
- Bei der derzeitigen Nachfrage wird sich der Preis in kurzer Zeit schnell nach oben entwickeln. Wie wichtig ist Ihnen diese Investition?

4. „Ich bin ein Freund Ihres Chefs und von ihm habe ich schon einmal einen großen Nachlass bekommen."

- Mein Chef hat keine Freunde …
- Dann geben Sie mir die Chance, Ihnen ebenfalls ein sehr gutes Angebot zu machen. Was ich extra für Sie tun kann, ist …
- Ich kann Ihnen versichern, dass wir aus Fairnessgründen allen Kunden die gleichen transparenten Angebote machen.

5. „Ich bin Mitglied beim Verband der … Deswegen möchte ich einen Nachlass."

- Gerne, wenn Sie mir bitte nur schnell mal Ihren Mitgliedsausweis zeigen.

6. „Ich biete Ihnen für Ihr Angebot 1.000 Euro." (statt 1.300 Euro)

- Ich habe Ihnen ein faires Angebot nach Ihren Wünschen gemacht. Auf welche Leistungen könnten Sie verzichten?
- Was gefällt Ihnen an unserem Service, und wie würden Sie ihn tatsächlich nutzen?
- Was außer dem Preis ist Ihnen an diesem Angebot noch wichtig?

7. „Der erste Auftrag muss als Testauftrag besonders günstig sein."

(Vorausgegangen ist der Satz: „Ich kann mir gut vorstellen, dass wir in den nächsten Jahren viele Aufträge an Sie vergeben werden. Wenn der Preis stimmt.")

- Darauf freue ich mich. Ich möchte Ihnen vorschlagen, dass wir den vereinbarten Nachlass von 700 Euro dann verrechnen, wenn die weiteren Aufträge erteilt sind.

8. „Das muss ich mir noch einmal überlegen."

- Welche Informationen brauchen Sie noch zu einer Entscheidung?
- Was müssen Sie noch überlegen? Vielleicht kann ich Ihnen gleich helfen.
- Wo habe ich Sie nicht ausreichend beraten? Was müssen Sie für eine Entscheidung noch wissen?
- Das kann ich gut verstehen, dass Sie bei einer solch weitreichenden Entscheidung Zeit brauchen. Welche Fragen kann ich Ihnen noch beantworten, damit Sie sich leichter entscheiden können?
- Wie kann ich Ihnen bei der Entscheidung helfen?
- Wie wollen wir verbleiben? Wann haben Sie wieder Zeit? Welcher Termin passt Ihnen?
- Ich habe da gerade eine Idee. Wir machen den Vertrag jetzt perfekt, und ich mache neben der Unterschrift einen Vermerk, dass der Vertrag erst nach einer telefonischen Absprache am nächsten Montag gültig wird. Wenn Sie mein Angebot dann wahrnehmen möchten, ersparen Sie sich die Zeit für einen neuen Termin.
- Darf ich Sie darauf hinweisen, dass unsere zeitlichen Ressourcen in diesem Jahr schon sehr begrenzt sind? Wenn Sie sich also schon überwiegend sicher sind, dann würde ich das Zeitbudget gerne für Sie reservieren.

9. „Ich muss das noch einmal mit meiner Frau/meinen Kollegen besprechen."

- Wollen wir gemeinsam gleich dort anrufen?
- Wann wollen wir einen gemeinsamen Termin vereinbaren?
- Wie kann ich beim Überzeugen helfen?

10. „Wie viel Nachlass ist denn bei Ihnen möglich?“

- Dieses Angebot kann ich Ihnen für xy Euro machen. Darin sind auch schon die Dokumentation und auch die Einweisung Ihrer Mitarbeiter enthalten.
- Ich habe Ihnen einen guten Preis gemacht. Bitte entscheiden Sie selbst.

11. „Wenn ich 20 Prozent Rabatt bekomme, dann nehme ich das Produkt sofort mit.“

- Das ist schon ein Spitzenpreis!
- Worauf legen Sie speziell bei dieser Investition wert?
- Wenn Sie nicht so viel investieren wollen, dann lassen Sie uns einmal sehen, worauf Sie verzichten möchten, damit ich Ihnen ein Angebot für einen niedrigeren Etat machen kann.
- Für diesen Auftrag habe ich Ihnen schon den besten Preis genannt. Aber erwähnten Sie nicht ein Projekt im nächsten Jahr? Wenn wir dieses Auftragsvolumen gleich in einen Rahmenvertrag aufnehmen, dann kann ich noch einmal neu kalkulieren. Ist das interessant für Sie?
- Darf ich noch einmal nachfragen? Inwieweit entspricht dieses Angebot genau Ihren Wünschen? Wenn Sie zum gewählten Zeitpunkt von den Vorteilen profitieren möchten, dann schlage ich vor, jetzt den Auftrag zu geben.
- Wie viel an Mehraufwand fiele bei Ihnen an, wenn Sie sich erst später entscheiden?
- Wie viel Zeit und Geld können Sie sparen, wenn Sie schon jetzt dieses Projekt umsetzen?

12. „Ich habe schon oft bei Ihnen gekauft und möchte einen Stammkundenrabatt.“

- Ja, dann wissen Sie auch, was Sie von mir alles bekommen.
- Vielen Dank für Ihr Vertrauen. Wenn Sie sich jetzt entscheiden, dann gebe ich Ihnen gerne noch zwei Stunden Analyse gratis obendrauf.
- Eine gute Entscheidung. Das habe ich bereits eingerechnet.

- Vielen Dank für die Treue. Was ist Ihnen denn bisher so wichtig gewesen, dass Sie wieder zu mir kommen?
- Lassen Sie uns gemeinsam überlegen, wie wir wieder zusammenkommen können.

13. „Wenn Sie mir jetzt ein sehr gutes Angebot machen, bringe ich Ihnen sicher auch noch andere Kunden."

- Das freut mich sehr. Wir sind gerne bereit, Ihnen einen Bonus oder eine Gutschrift für die Aufträge Ihrer Bekannten zu geben, wenn deren Bestellungen vorliegen. Wie heißen denn diese möglichen Kunden? Ich frage das, damit Sie auch sichergehen können, den Bonus zu bekommen.
- Dann werde ich mich gerne persönlich revanchieren. Erst am Montagabend war ich mit einem Kundenehepaar auf Schloss Schönstein zu einem Dinner. Ein unvergesslicher Abend.

14. „Ihre Lieferzeit ist aber sehr lang. Wie kommen Sie mir dafür im Preis entgegen?"

- Wenn Sie jetzt bestellen, dann reserviere ich die Kapazitäten für Sie und Sie bekommen die Lieferung sicher.
- Wann genau brauchen Sie es denn?
- Wir legen auch größte Sorgfalt auf eine Spitzenqualität. Wie sehen Sie Ihre Bereitschaft, schneller beliefert zu werden, dafür aber ein Risiko hinsichtlich der Qualität einzugehen?

15. „Ist das Ihr letzter Preis?"

- Ja, das ist wirklich mein letzter Preis. Sie können mir persönlich Ihr Vertrauen schenken.
- Sie können sicher sein, dass ich alles berücksichtigt habe. Wir haben das Angebot individuell auf Sie zugeschnitten, und der Preis umfasst alle diese Leistungen.
- Was außer dem Preis ist Ihnen noch wichtig, wenn Sie sich für eine solche Investition entscheiden?
- Worauf legen Sie noch wert?

- Ich muss Ihnen wirklich gratulieren. Sie haben den besten Preis ausgehandelt. Wir sind da angekommen, wo es gerade noch wirtschaftlich für mich ist.
- Was gefällt Ihnen an meinem Angebot?
- Welcher Service ist für Sie besonders wichtig?
- Sehen Sie, eine einjährige kostenlose Hotline und eine zweitägige Einweisung ist in diesem Preis schon enthalten.
- Erst vor zwei Wochen hat die Firma Sparbier das gleiche Angebot gewählt, genau für den gleichen Preis. Wollen Sie das Dankesschreiben sehen?

16. „Was können Sie noch am Preis machen?"

- Ich versichere Ihnen, dass beim Preis nichts mehr geht.
- Lassen Sie sich mein Angebot gerne noch einmal durch den Kopf gehen. Das Angebot wurde sorgfältig nach Ihren Wünschen kalkuliert, und es gilt für Sie verbindlich einen Monat lang.
- Wenn Sie die Investition jetzt tätigen, bekommen Sie von mir noch drei Prozent Skonto zusätzlich.
- Selbstverständlich haben Sie ein besonders gutes Angebot von mir bekommen. Vorgestern rief mich ein Kunde an und sagte genau zu diesem Angebot: „Bin ich froh, dass ich mit Ihnen zusammenarbeite. Es funktioniert alles immer so wunderbar."
- Wenn Sie sich jetzt entscheiden, kann ich Ihnen dieses Softwarepaket noch kostenlos dazugeben. Was meinen Sie?

17. „Lassen Sie sich Ihr Angebot noch einmal durch den Kopf gehen. Sagen Sie mir dann bitte Bescheid."

- Ich habe dieses Angebot speziell für Sie erstellt. Die Angebotssumme ist mehrfach nachgerechnet, und ich kann Ihnen versichern, dass ich dieses Angebot in dieser Höhe besten Gewissens machen kann.
- Lieber Kunde, gerade bei Ihnen habe ich mir sehr viele Gedanken über das Angebot gemacht. Oder meinen Sie, dass wir etwas vergessen haben?

18. „Im Internet bekomme ich das viel billiger."

- An welche persönlichen Ansprechpartner können Sie sich bei solchen Firmen wenden?
- Wer wird Sie in Zukunft beraten, und wer wird Ihren Service machen?
- Wer wird Sie nach dem Kauf betreuen?
- Welchen Wert legen Sie auf Service?
- Wir kümmern uns um Ihre Probleme, wenn es nach dem Kauf Schwierigkeiten gibt.
- Was hat Ihnen an meiner Beratung gefallen?
- Was wissen Sie über Sicherheit der Datenübertragung und der Zahlungsmodalitäten im Internet?
- Was hat Sie zu uns geführt, wenn Sie es von den Anschaffungskosten her woanders günstiger bekommen?
- Welche Kosten kommen nach der Anschaffung auf Sie zu?
- Können wir unser Angebot inklusive sämtlicher Folgekosten damit vergleichen?

Nun sind Sie an der Reihe. Wie sieht es bei Ihnen aus? Welche Preiseinwände bekommen Sie bei Ihrem Tagesgeschäft oft zu hören?

____

____

____

____

____

Mit welchen Formulierungen könnten Sie darauf reagieren?

____

____

____

____

____

Tipp
Zuhören kann auch Schweigen bedeuten

Gerade im Preisgespräch und beim Verhandeln ist es wichtig, an den richtigen Stellen schweigen zu können. Damit verdienen Sie bares Geld. Nach jedem Einwand des Kunden antworten Sie am besten mit einer Frage oder einer weiterführenden Antwort. Und dann schweigen Sie wieder. Fangen Sie auf keinen Fall an, den Kunden mit weiteren Argumenten zu bombardieren. Heben Sie sich diese noch auf. Seien Sie ruhig und hören Sie dem Kunden zu. Sollte er nicht gleich antworten, geben Sie ihm ruhig die Zeit zum Nachdenken. Auch Einkäufer werden darauf trainiert zu schweigen. Gewinnen wird derjenige, der diesen Spannungsbogen halten und ertragen kann. Freuen Sie sich darauf, wieder schweigen zu dürfen.

Unterscheiden Sie Einwand und Vorwand

Anhand eines Beispiels möchte ich Ihnen nun noch den Unterschied zwischen Einwand und Vorwand erläutern. Der Kunde sagt: „Das ist zu teuer." Sie haben ja schon gelesen, dass es hier einige Ansatzpunkte zum Nachfragen gibt. Aber was steckt hinter dieser Äußerung? Grundsätzlich stellt sich hier die Frage: *Kann* der Kunde nicht so viel bezahlen oder *will* der Kunde nicht so viel bezahlen. Abhängig davon empfehlen sich unterschiedliche Vorgehensweisen.

1. Der Kunde kann aus Budgetgründen nicht so viel investieren. Also müssen Sie mit ihm Wege finden, wie das Angebot abgespeckt werden kann. Entweder der Kunde verzichtet auf einige Leistungen oder er entscheidet sich zunächst für bestimmte Teile des Angebots und ruft später den Rest ab.

2. Der Kunde will nicht so viel ausgeben. Hier kann es sein, dass er ein besseres Angebot hat, das aber nicht offenlegen will. Oder er hat Spaß daran, weiter über den Preis zu verhandeln. In beiden Fällen müssen Sie standfest bleiben und auf Ihr spezielles Angebot und Ihre Kernkompetenzen verweisen. Wo bekommt er sonst so eine gute Leistung?

8. Phase fünf: Nach der Vereinbarung fragen

Die Vereinbarung am Ende eines Verkaufsgesprächs ist ein wichtiger Punkt, der ebenfalls gut vorbereitet sein will. Was Sie tun können, um auch nach kritischen Situationen vielleicht noch einen Abschluss zu erzielen, steht in diesem Kapitel. Außerdem geht es darum, was Sie für Ihr Selbstmanagement und Ihre Motivation mitnehmen können, wenn Sie aus Gesprächen herausgehen, die anders als erwartet verlaufen. Und Sie erfahren, wie Sie sich vom Kunden verabschieden und dabei auf jeden Fall die Tür geöffnet lassen.

Was meinen Sie: Was steht am Ende eines Verkaufsgesprächs? Haben Sie auch als Erstes gedacht: der Abschluss? Für mich ist das nur die halbe Wahrheit. Obwohl diese Antwort naheliegt, wenn ich daran denke, was Verkaufstrainer über Jahrzehnte hinweg in ihren Seminaren vermittelt haben. Wie traurig eigentlich. Kann denn nicht der Auftrag des Kunden oder das erste Verkaufsgespräch auch ohne Abschluss den Beginn einer langen Geschäftsbeziehung bedeuten? Meiner Erfahrung nach ist es sinnvoll, den Blick in diese Richtung zu wenden. Natürlich wird ein Verkäufer immer versuchen, ein Geschäft abzuschließen. Aber was passiert, wenn er den Abschluss nicht bekommt? Was macht er dann? Ist er dann gescheitert? Genau diese Sicht, dass nur der Abschluss zählt, löst oft Enttäuschung und Frust aus. Doch das muss nicht sein.

So erreichen Sie eine Vereinbarung mit dem Kunden

Schauen wir uns einmal an, wie sich die Motivation entwickelt, wenn wir etwas verkaufen wollen. Der Kunde betritt ein Geschäft, oder der Verkäufer kommt zum Kunden. Der Einstieg in das Gespräch verläuft sehr gut, dem Verkäufer gelingt es, eine persönliche Beziehung zum Kunden aufzubauen. Seine Motivation wächst. Der Kunde erzählt von seinen Wünschen, und der Verkäufer merkt, dass er genau das richtige Produkt für diesen Kunden hat. Die Motivation steigt weiter an. Der Verkäufer präsentiert sein Angebot und zeigt dem Kunden, wie er seine Wünsche damit erfüllen kann. Der Kunde nickt zustimmend. Die Motivation des Verkäufers hat ihren Höhepunkt erreicht, er hält den Abschluss für sicher. Plötzlich sagt der Kunde: „Das muss ich mir noch einmal überlegen." Oder: „Das müssen wir in der Geschäftsleitung noch einmal besprechen."

Was meinen Sie, was passiert in diesem Moment mit der Motivation eines abschlussorientierten Verkäufers? Richtig, sie wird ins Bodenlose fallen. Geknickt und frustriert wird er den Kunden verlassen oder hinter dem Verkaufstresen zurückbleiben und mit dem Gefühl des Misserfolgs die nächsten Kunden beglücken. Anders könnte es aussehen, wenn dieser Verkäufer seinen Blickwinkel etwas ändert und versucht, mit dem Kunden eine gemeinsame Vereinbarung zu treffen. Er könnte zum Beispiel gleich den nächsten Termin mit dem Kunden vereinbaren, wenn dieser mit der Geschäftsführung gesprochen hat. Oder er holt sich die Zustimmung dafür, dass er ein schriftliches Angebot nachreichen darf, um dem Kunden die Entscheidung zu erleichtern, wenn er noch unentschlossen ist.

Natürlich bleibt ein Auftrag das oberste Ziel beim Verkaufen. Machen Sie sich aber bewusst, dass es zwischen einem Auftrag und dem endgültigen Nein des Kunden eine Menge anderer Vereinbarungen gibt, die Sie treffen können. Wenn Sie im Gespräch merken, dass die Entscheidung des Kunden eher auf ein Nein hinausläuft, tun Sie alles dafür, dass am Schluss wenigstens eine gemeinsame Vereinbarung steht. Denn damit haben Sie einen guten Grund, später mit dem Kunden wieder in Kontakt zu kommen. Und diese Chance, sich auf einer qualitativ hohen Ebene wieder ins Gespräch zu bringen, sollten Sie nutzen.

Es gibt eine ganze Reihe unterschiedlicher Möglichkeiten, die Sie ins Auge fassen können, wenn es nicht zum Abschluss kommt. Hier eine Liste dazu, was Sie alles mit Ihrem Kunden vereinbaren können:

- Einen weiteren Besuchs- oder Gesprächstermin
- Ein schriftliches Angebot
- Ein Telefongespräch zu einem festen Termin
- Die Zusendung weiterer Unterlagen
- Die Ausarbeitung eines veränderten oder neuen Angebots
- Die Vereinbarung einer Testphase
- Ein gemeinsames Pilotprojekt
- Die Einbindung weiterer Personen
- Einen gemeinsamen Termin bei einem Vorgesetzten
- Die Möglichkeit der Präsentation vor einem Gremium
- Den Versuch, ein Teilprojekt zu starten
- Die versuchsweise Einführung von Änderungen
- Das Vorgehen nach Teilzielen oder in Teilschritten
- Das Verhandeln einer Gegenleistungsstrategie
- Das Recherchieren und Einarbeiten weiterer Informationen

Welcher Weg sinnvoll ist, hängt von der jeweiligen Situation ab. Welche Vereinbarungen können Sie speziell für Ihr Business mit Ihren Kunden vereinbaren?

Ihr Notfallplan: Wenn das Gespräch plötzlich zu Ende ist

Sie sitzen mit dem Kunden beim Verkaufsgespräch, es läuft so weit ganz gut. Plötzlich kommt ein Mitarbeiter oder ein Kollege Ihres Gesprächspartners herein und teilt diesem mit, dass er aus einem sehr wichtigen Grund in drei Minuten gehen muss. Haben Sie diese Situation auch schon so oder ähnlich erlebt? Erarbeiten Sie sich für solche Fälle auf jeden Fall einen Notfallplan.

1. Ergebnissicherung: Versuchen Sie herauszubekommen, wie weit Sie vom Auftrag noch entfernt sind.
   - „Welche Punkte müssen wir noch klären, um die ersten Schritte einzuleiten?"
   - „Was brauchen Sie noch zu einer Entscheidung?"
2. Vereinbarung treffen: Respektieren Sie den geänderten Zeitrahmen und fragen Sie nach dem nächsten konkreten Schritt. Vereinbaren Sie am besten gleich einen Termin, den Sie wieder aktiv angehen können.
3. Schicken Sie am nächsten Tag eine E-Mail oder einen Brief mit der Zusammenfassung des Gesprächs bis zu dem Stand des Abbruchs. Bringen Sie sich so wieder kompetent in Erinnerung.

Wenn Sie auf diese Weise vorgehen, sichern Sie den Stand der Dinge, zeigen dem Kunden, dass Sie flexibel und verständnisvoll sind, und bleiben in engem Kontakt mit ihm. Nutzen Sie die Zeit bis zum nächsten Termin, um sich den Verlauf des Gesprächs noch einmal durch den Kopf gehen zu lassen. Vielleicht können Sie noch ein wenig an Ihrer Strategie feilen, bis das nächste Treffen ansteht.

Aktivierende Fragen zum (Ab-)Schluss

Am Ende eines Verkaufsgesprächs wird es für Sie noch einmal spannend. Wenn es aus Ihrer Sicht keinen offensichtlichen Grund mehr gibt, das Geschäft nicht zum Abschluss zu bringen, dann ergreifen Sie die Initiative und fragen Sie nach dem Ja des Kunden. Die Erfahrung zeigt, dass immer wieder Aufträge nicht zustande kommen, weil ein Verkäufer zwar gut agiert, aber den Bogen überspannt und letztendlich den Pfeil nicht abgeschossen hat. Sie werden nicht umhinkommen, am Ende nach dem Auftrag zu fragen. Manchmal braucht der Kunde einfach eine kleine Aufforderung zur Tat.

Was kann passieren, wenn Sie nachfragen? Entweder Sie bekommen den Auftrag, dann ist ja alles klar. Oder es gibt noch Bedenken und Zögern beim Kunden. Seien Sie froh, wenn Sie das zu diesem Zeitpunkt erfahren. Denn dann können Sie noch während des Gesprächs fragen, warum die Entscheidung nicht gleich getroffen werden kann und was passieren muss, damit Sie den Auftrag erhalten. Falls Sie sich in einer solch unklaren Situation mit einem „Vielen Dank, Sie hören dann von uns" verabschieden lassen, sinken Ihre Chancen dramatisch. Versuchen Sie daher auf jeden Fall, eine Minimalvereinbarung zu erzielen, selbst wenn der Kunde ansonsten keine weiteren Aussagen mehr trifft:

- Wann genau höre ich von Ihnen?
- Wann kann ich mich bei Ihnen melden?
- Welche Informationen fehlen Ihnen noch, damit Sie sich jetzt entscheiden können?
- Was kann ich tun, damit Sie sich jetzt entscheiden können?

Auch wenn Sie kurz davor stehen, einen Auftrag abzuschließen, wirkt wieder einmal die zentrale Technik in Verkaufsgesprächen: gute Fragen stellen. Bereiten Sie die Zustimmung des Kunden vor: Hüten Sie sich aber bei den folgenden Formulierungen davor, den Satz mit einem „oder …" fortzusetzen, denn hier ist die geschlossene Frageform am besten geeignet. Die folgenden Fragen können den Kunden zum Kauf aktivieren:

- Was müssen wir noch berücksichtigen?
- Wie wollen Sie bezahlen?
- Wer unterschreibt den Vertrag?

- Wann wollen wir anfangen?
- Welchen Termin schlagen Sie vor?
- Wen aus Ihrem Unternehmen müssen wir noch einbeziehen?

Einstellungssache: Was tun, wenn der Kunde nein sagt?

Auch wenn Sie alle Tipps in diesem Buch beherzigen und es an Ihrer Verkaufsperformance nichts auszusetzen gibt, ist es möglich, dass sich der Kunde während eines Gesprächs nicht entscheiden möchte. Das kann ganz verschiedene Gründe haben: den Preis, fehlende Vergleichsangebote, die nötige Zustimmung weiterer Entscheidungsträger usw. Egal, warum der Kunde ohne Abschluss geht, lassen Sie immer eine Tür offen, durch die er wiederkommen kann. Das gilt ganz besonders dann, wenn Sie nicht auf den Preiswunsch des Kunden eingehen können. Sagen Sie nicht: „Wenn Sie es woanders billiger bekommen, dann kaufen Sie doch dort." Geben Sie dem Kunden stattdessen die Möglichkeit, zu Ihnen zurückzukommen – und das, ohne sein Gesicht zu verlieren. Manchmal stellt ein Kunde im Eifer des Gefechts Behauptungen auf, zum Beispiel über Preise von Wettbewerbern, die nicht ganz korrekt sind. Wenn er es später bemerkt, wird er nach einer solchen Ansage nicht wieder auf Sie zukommen. Reagieren Sie besser so oder ähnlich: „Schade, lieber Kunde, dass Sie mir heute nicht den Auftrag geben. Aber ich freue mich, wenn Sie wieder an mich denken, besonders wenn sich die Rahmenbedingungen für den Auftrag geändert haben. Lassen Sie uns dann gerne wieder reden."

!

Tipp
Wie ernst ist es dem Kunden?

Hat der Kunde schon signalisiert, dass er eine Auftragsvergabe an Sie sehr kritisch sieht, können Sie die Ernsthaftigkeit dieser Vorentscheidung testen. Nehmen Sie ihn mit auf einen kleinen Ausflug, indem Sie zu ihm sagen: „Nur einmal so als Idee. Wenn wir die Aufgabenstellung einmal von einer anderen Seite betrachten und ich Ihre Bedenken ausräumen kann, könnten Sie sich dann vorstellen, dass wir doch noch zusammenkommen? Überlegen wir einmal, welche Auswirkungen das Ergebnis meiner Leistung zusätzlich auf Ihre Kundenbeziehungen hat?"

Sicherlich, die Absage eines Kunden ist nie erfreulich. Allerdings sollten Sie das Einzelgespräch auch im größeren Zusammenhang betrachten. Der Erfolg beim Verkaufen hat auch damit zu tun, wie viele Gespräche Sie insgesamt führen und wie viele davon in einen Auftrag münden. Je nach Branche gibt es unterschiedliche Erfahrungswerte, wie das Verhältnis zwischen Akquise und Verkauf aussieht: Für den Prozess vom Telefonkontakt zum Auftrag gilt in vielen Arbeitsbereichen Folgendes: Aus 100 Kaltkontakten ergeben sich etwa zehn Termine. In Branchen mit hohen Investitionssummen erhält man daraus oft nur einen Auftrag. Wenn es um Dienstleistungen geht, können Sie mit etwas Übung sowie guter Vorbereitung und Vorauswahl eine Quote von sechs bis acht Aufträgen bei der Durchführung von zehn Kundenterminen erreichen. Und: Mit jedem Nein kommen Sie rein statistisch gesehen dem nächsten Ja näher. Außerdem lernen Sie ständig aus den Gesprächen und können so Ihre Erfolgsquote erhöhen!

Tipp

Bereiten Sie sich auch auf ein Nein vor

Bereiten Sie sich auch darauf vor, wie Sie mit einem Nein des Kunden umgehen werden. Wie werden Sie reagieren? Und vor allem: Wie werden Sie agieren? Welchen Trumpf können Sie noch ausspielen, um zumindest eine andere Art von Vereinbarung zu treffen?

Lassen Sie bitte dem Kunden die Wahl

Ein Kunde will immer das Gefühl haben, selbst wählen zu können, für welches Angebot er sich entscheidet. Mit Ihren Fragen geben Sie dem Kunden die Gelegenheit dazu. Mit den richtigen Formulierungen können Sie die Kundenentscheidung lenken, sodass der Kunde seine Wünsche mit Ihrem Angebot erfüllt sieht. Die Fragen stellen Sie so, als ob der Kunde schon gekauft hätte. Bei folgenden Alternativfragen lassen Sie dem Kunden die Wahl, grenzen aber die Auswahl auf Ihr Angebot ein:

- Welche Ausführung soll ich Ihnen einpacken, die rote oder die blaue?
- Wie können Sie das neue Gerät in Ihrem Alltag einsetzen? Werden Sie es eher zu Hause oder im Büro nutzen?

- Möchten Sie lieber Ratenzahlung in Anspruch nehmen oder mit drei Prozent Skonto bezahlen?
- Wollen Sie die Maßnahmen noch in diesem Jahr durchführen oder erst im nächsten?
- Wollen wir schon in der nächsten Woche starten oder erst im nächsten Monat?

Formulieren Sie nun Ihre eigenen Fragen, die Sie Ihren Kunden stellen, um die Details zum Abschluss zu klären.

____

____

____

____

____

____

Nutzen Sie die Vorteile von Empfehlungen

Ein weiterer wichtiger Aspekt eines Verkaufsgesprächs, der ganz am Schluss zur Sprache kommt, ist der, ob Ihr Kunde Sie an andere weiterempfehlen wird. Vor allem wenn er von sich aus erwähnt, dass er das tun will, ist die Empfehlung für Sie Gold wert. Denn mit den Kunden, die sich auf eine Empfehlung hin bei Ihnen melden, können Sie direkt in ein Verkaufsgespräch einsteigen. Der Beweis, dass Sie vertrauenswürdig sind und Ihr Handwerk verstehen, ist durch die Empfehlung bereits erbracht. Empfehlungen haben deshalb eine Qualität, die sich durch nichts anderes im Verkauf ersetzen lässt. Setzen Sie sich daher bei jedem Kunden das Ziel, ihn so zu begeistern, dass er Sie aktiv von sich aus weiterempfiehlt. Falls Ihr Kunde das Thema nicht von alleine anspricht, können Sie ihn durch aktivierende Fragen zu Empfehlungen anregen. Die folgenden Fragen sollen als Muster für Ihre eigenen Formulierungen dienen.

- Welchen Ihrer Bekannten möchten Sie den gleichen Service zuteil werden lassen?
- Wer von Ihren Geschäftsfreunden möchte von den gleichen Vorteilen profitieren?

- Haben Sie einen Bekannten, dem Sie einmal einen Gefallen tun wollen? Dann geben Sie ihm doch meine Visitenkarte, und ich freue mich, ihn besuchen zu dürfen.
- Wem können Sie mich weiterempfehlen? Wie ist der Name und die Telefonnummer?

Time to say goodbye

Auch bei der Verabschiedung des Kunden können Sie noch punkten. Sagen Sie doch einfach mal danke. Das hat nichts mit Untertänigkeit zu tun, sondern passiert auf gleicher Augenhöhe. Bedanken Sie sich für den Auftrag und das Vertrauen des Kunden, das er Ihnen entgegenbringt, denn zumindest beim Erstauftrag kann er auf ein gutes Ergebnis nur hoffen. Jeder Kunde hört es außerdem gerne, wenn er seine Entscheidung noch einmal bestätigt bekommt. Geben Sie ihm zusätzliche Sicherheit und Argumente, um seiner Entscheidung eine nachträgliche rationale Rechtfertigung zu geben. Warum das so wichtig ist, wissen Sie ja bereits. Wandeln Sie die folgenden Formulierungen so ab, dass sie zu Ihnen und Ihrer Sprechweise passen:

- Vielen Dank für den Auftrag, ich kann Ihnen versichern, dass ich alles in meinen Möglichkeiten Stehende unternehmen werde, dass Sie zufrieden sind.
- Sie haben eine gute Wahl getroffen, und ich kann Ihnen versichern, dass auch der Preis bei diesem Serviceumfang unschlagbar ist.
- Ich kann Ihnen versichern, dass Sie sich gut entschieden haben. Und als harter Verhandler haben Sie auch einen Preis bekommen, der Respekt einflößt.

Nachdem Sie den Kunden in seiner Entscheidung nochmals bestätigt haben, verabschieden Sie sich. Sprechen Sie den Kunden mit Namen an und bringen Sie zum Ausdruck, dass Sie sich auf die weitere Zusammenarbeit freuen. Achten Sie dabei auf einen guten Blickkontakt und auf eine offene Körperhaltung.

9. Bereiten Sie Verkaufsgespräche gründlich nach

Dieses Kapitel beinhaltet, warum es wichtig ist, jedes Verkaufsgespräch – egal, wie es verlaufen ist und mit welchem Ergebnis Sie herausgegangen sind – gut nachzubereiten. Und Sie erfahren, welche Arbeiten dazu gehören. Außerdem bekommen Sie einige Tipps für Ihr Selbstmanagement, wenn Sie einen Auftrag nicht bekommen haben.

Wie heißt es im Fußball so schön? Nach dem Spiel ist vor dem Spiel. Das gilt auch fürs Verkaufen. In Ihren Gesprächen und Verhandlungen lernen Sie ständig dazu; nutzen Sie diese Erfahrungen zu Ihren Gunsten. Sie lernen Ihre Kunden besser kennen und bekommen ein ums andere Mal die Gelegenheit, Ihre Verkaufsgespräche zu optimieren. Das ständige Hinterfragen und die kontinuierliche Verbesserung machen erfolgreiche Unternehmer aus.

Erfassen Sie alle Kundendaten

Machen Sie es sich zur Gewohnheit, alle relevanten Informationen über den Kunden und Details zu seiner Firma zu dokumentieren. Wie Sie dabei vorgehen, bleibt Ihnen überlassen. Ich selbst notiere zum Beispiel gleich nach dem ersten Kennenlernen auf der gerade ausgehändigten Visitenkarte, wo ich die betreffende Person kennengelernt habe, was gemeinsame Anknüpfungspunkte sein können und woran mein Gesprächspartner Interesse bekundet hat.

Der nächste Schritt ist die Archivierung. Kaum jemand arbeitet heute noch mit einem herkömmlichen Karteikasten. Viel wahrscheinlicher ist es, dass Sie mit einem Programm wie *Outlook* arbeiten. Im Bereich „Kontakte“ können Sie zu jedem Kontakt eine Menge Informationen speichern. Machen Sie es sich darüber hinaus zur Gewohnheit, nach jedem persönlichen oder telefonischen Kontakt eine kurze Notiz über Inhalte und geplante Themen anzulegen. Sie können all diese Details nicht im Kopf behalten. Nach einiger Zeit werden Sie sich bestimmt darüber freuen, wie viele Informationen Ihnen im Arbeitsalltag zur Verfügung stehen.

Und wie sieht es mit privaten Informationen aus? Wenn Ihnen der Kunde so weit vertraut, dass er Ihnen auch Privates anvertraut, dann darf Ihnen das durchaus heilig sein. Und die Nachfrage nach dem Urlaub oder der Tochter, die gerade in die Schule gekommen ist, wird den Kunden genauso freuen wie ein Gruß zum Geburtstag.

Wenn Sie viele Kunden haben und oft Kontakt zu ihnen aufnehmen, dann schauen Sie sich auf dem Markt nach einem Customer-Relationship-Management-Programm (CRM-Programm) um. Mit solch einer Software können Sie schneller auf Kundeninformationen, Aktionen sowie Vereinbarungen zugreifen und Ihre Daten verwalten. Durch Servicefunktionen wie Terminkalender sowie oftmals eine E-Mail- und Newsletterfunktion können Sie die Kommunikation mit Ihren Kunden einfacher gestalten. Die meisten von Ihnen werden keine große Lösung brauchen, ein einfaches Standardprogramm wird Ihre Bedürfnisse wahrscheinlich zunächst völlig erfüllen und über viele Jahre Freude bereiten. Entscheidend ist nicht die Qualität des Programms, sondern die der Daten, die Sie verwalten.

Das Wichtigste zu Auftragsbestätigungen und Verträgen

Wenn Sie einen Auftrag erhalten haben, kann das bedeuten, dass Sie Verträge oder Auftragsbestätigungen formulieren müssen. Nutzen Sie jede Chance, schon bei den Verkaufsverhandlungen alle Informationen zu bekommen, die Sie dafür benötigen. So sparen Sie sich zeitintensive und nervenaufreibende Nachverhandlungen, in denen Sie oft sogar neue Zugeständnisse machen müssen. Achten Sie vor allem darauf, dass im Vertrag Zeitpläne oder Meilensteine angegeben sind. Auch Angaben dazu, wer Ihnen eventuell zuarbeitet oder wichtige Informationen geben kann, sollten enthalten sein. Wer sind die Ansprechpartner, und wer kann Entscheidungen treffen? Protokollieren Sie unbedingt auch Absprachen über Lieferzeiten, Fahrtkosten, Spesen, Transportkosten, Raumkosten oder Zahlungsbedingungen und -fristen.

!

Tipp

Holen Sie sich Unterstützung

Wenn Sie auf Nummer sicher gehen wollen, lassen Sie sich bei Verträgen von einem Rechtsanwalt beraten. So können Sie auf jeden Fall davon ausgehen, dass die Vereinbarungen auch rechtlich haltbar sind.

Eine einfache Auftragsbestätigung sollte ebenso die vereinbarten Termine und Leistungen sowie vor allem den gesamten Lieferumfang (Leistungsumfang) beinhalten. Ebenso ist es wichtig, dass sie enthält, welcher Preis für das Angebot vereinbart wurde. Sollten Sie dann im Verlauf der Auftragsabwicklung zusätzliche, nicht vereinbarte Zusatzleistungen erbringen, haben Sie eine tragfähige Unterlage zum Nachverhandeln.

Wie Sie aus Niederlagen lernen

Auch das Scheitern gehört zum Unternehmeralltag und will gelernt sein. Nicht jedes Verkaufsgespräch wird zum Abschluss führen. Wenn einmal ein Gespräch nicht so verlaufen ist, wie Sie es sich vorgestellt haben, sollten Sie die negativen Emotionen, die damit verbunden sind, mental abschütteln. Denken Sie an bekannte Künstler oder Unternehmer, die oft viele Klinken geputzt haben, bevor sie die entscheidende Chance erhielten. Das Wichtigste für Ihre Zukunft ist aber die Erkenntnis, die Sie aus einer Absage ziehen können. In jeder Niederlage steckt eine Botschaft, die Ihnen hilft, sich zu verbessern.

In jeder Branche sind die erfolgreichsten Verkäufer diejenigen, die über ein hohes Maß an Selbstreflexion verfügen. Sie schaffen es, zwischen dem eigenen Verhalten und dem des Kunden zu unterscheiden und Fehler richtig zu gewichten. Machen auch Sie das Beste aus jeder Situation, auch wenn Sie einmal einen Auftrag nicht bekommen haben.

- Stehen Sie offen zur Absage. Machen Sie den verpassten Auftrag zum Thema, ohne das Geschehen überzubewerten. Jeder Erfolgreiche ist durch Rückschläge stark geworden, die er überwunden hat, um dann wieder neu anzufangen.
- Halten Sie inne und vergessen Sie einmal die üblichen Schuldzuweisungen. Sehen Sie sich die Situation aus einem anderen Blickwinkel an und beantworten rückblickend die Frage: Wie konnte es zu dieser Entwicklung kommen?
- Sprechen Sie mit anderen Menschen und holen Sie sich deren Feedback ein. Außenstehende, die den Sachverhalt gar nicht kennen, haben oft eine gute Intuition. In vielen Fällen können sie Anregungen geben, die eine Situation erhellen oder auch Ansatzpunkte für Verbesserungen liefern.
- Die Fähigkeit zur Selbstreflexion macht einen empathischen, einfühlenden Verkäufer aus. Denn er hat die Fähigkeit, aus seinen Fehlern zu lernen, ohne sich oder dem Kunden die Schuld geben zu müssen. Was habe ich gelernt, und was werde ich beim nächsten Mal anders machen? Aus Ihren gesammelten Antworten entsteht so wertvolles Vertriebs-Knowhow. Schreiben Sie Ihre wichtigsten „Learnings" auf und sehen Sie sich Ihre Notizen nach einiger Zeit wieder an. Haben

Sie umgesetzt, was Sie verstanden haben? Hat sich Ihre Verkaufsquote erhöht?

- Starten Sie frisch motiviert in das nächste Verkaufsgespräch. Der Interessent, der Ihnen jetzt gegenübersteht, soll die gleiche Chance haben, bei Ihnen Kunde zu werden. Er darf nichts von Ihrer Niedergeschlagenheit zu spüren bekommen.

Schlusswort

„Wer fertig ist, dem ist nichts recht zu machen,
ein Werdender wird immer dankbar sein."
Johann Wolfgang von Goethe, deutscher Dichter

Sicherlich kommen Ihnen einige Verhaltensweisen und Formulierungen, die Sie in diesem Buch finden, zuerst fremd oder ungewohnt vor. Manchmal baut sich vielleicht sogar innerer Widerstand auf: „Das kann ich doch nicht machen", so lauten dann die Gedanken. Das ist ganz normal.

Spielen Sie gerne Computerspiele, oder haben Sie eine spezielle Sportart als Hobby? Was unternehmen Sie, um darin besser zu werden? Richtig, Sie trainieren. Den gleichen Effekt können Sie auch für Verkaufsgespräche nutzen. Wer besser werden, das heißt, mehr Aufträge bekommen möchte, muss üben, trainieren, üben und trainieren. Es ist ein spannender Prozess, das Gelernte in der Praxis auszuprobieren und neue Erfahrungen zu sammeln. Mit der Zeit werden Sie feststellen: Die neuen Techniken und Formulierungen werden durch Wiederholung zur Gewohnheit und damit Bestandteil Ihrer eigenen Komfortzone.

Achten Sie bei Ihren Gesprächen immer nur auf einen bestimmten Punkt, den Sie gerne verändern oder verbessern möchten. Beobachten Sie sich, wie Sie reden und agieren. Aber nehmen Sie sich immer nur eine Sache vor. Leider ist es so, dass wir Menschen nicht dafür geschaffen sind, mehrere Dinge auf einmal zu tun. Sobald Sie an Ihrem Ziel angekommen sind, dürfen Sie sich mit einem neuen Trainingsziel beschäftigen. Suchen

Sie sich wieder einen Aspekt, den Sie in Ihren Verkaufsgesprächen verbessern möchten. Bleiben Sie bescheiden, denn dann werden Sie die guten Ergebnisse auch zu schätzen wissen.

Generell ist es wichtig, im Verkauf glaubwürdig und authentisch zu sein. Das darf nicht heißen: Ich bleibe so wie ich bin, weil alles andere ja nicht mehr zu mir gehört. Gute Wirkung entsteht gerade dann, wenn Sie versuchen, Ihr Verhalten um einige Prozent professioneller zu gestalten und das, was sich für Sie als erfolgreich erweist, weiter anzuwenden. Letztendlich werden Sie herausfinden, dass Verkaufen Spaß machen kann, wenn Sie verschiedene Wege gehen und beobachten, wie Ihre Gesprächspartner darauf reagieren.

Und hier noch ein Tipp, um den Stress im realen Verkaufsgespräch möglichst niedrig zu halten und dennoch neue Fähigkeiten zu trainieren: Die Entscheidung dafür, ständig zu wachsen sowie das eigene Verhalten zu überdenken und zu verbessern, macht die erfolgreichsten der erfolgreichen Unternehmer aus. Mit dieser Einstellung kommen Sie ins TUN. Genau das ist ausschlaggebend. Erfolg durch gutes Verkaufen der eigenen Angebote macht Freude. Und das wünsche ich Ihnen: viel Freude!

Ihr Joachim Skambraks

Stichwortverzeichnis